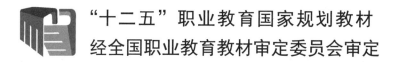
"十二五"职业教育国家规划教材

经全国职业教育教材审定委员会审定

网络设备安装与调试
（思科版）（第2版）

张文库　门雅范　陈　颜　主　编
宋红相　杨盛会　郭志华　副主编

U0397997

电子工业出版社
Publishing House of Electronics Industry
北京·BEIJING

内容简介

本书根据教育部颁发的《中等职业学校专业教学标准（试行）信息技术类（第一辑）》中的相关教学内容和要求编写。本书的编写从满足经济发展对高素质劳动者和技能型人才的需求出发，在课程结构、教学内容和教学方法等方面进行了新的探索与改革创新，以使学生更好地掌握本课程的内容，以及提高学生对理论知识的掌握程度和实际操作技能。

本书以知识"必需、够用"为原则，从职业岗位分析入手展开教学内容，强化学生的技能训练和职业能力，在训练中巩固所学知识。本书从 Cisco 公司的 Cisco Packet Tracer 7.3 模拟器的安装开始介绍，然后通过 Cisco Packet Tracer 7.3 模拟器的使用、交换技术配置、路由技术配置、路由协议配置、广域网技术配置等项目来完成技能训练，通过网络安全技术配置来完成网络安全技术的技能训练，通过无线网络技术配置来完成无线网络技术的技能训练，最后以校园网综合实训和企业网综合实训结束整个网络的综合技能训练。

本书既可以作为计算机网络技术专业或相关专业的教材，也可以作为相关培训机构的教材，还可以作为计算机网络技能比赛训练及网络工程技术人员的技术参考书。

图书在版编目（CIP）数据

网络设备安装与调试：思科版 / 张文库，门雅范，陈颜主编. —2 版. —北京：电子工业出版社，2021.11

ISBN 978-7-121-42357-4

Ⅰ. ①网… Ⅱ. ①张… ②门… ③陈… Ⅲ. ①网络设备－设备安装－中等专业学校－教材②网络设备－调试方法－中等专业学校－教材 Ⅳ. ①TP393

中国版本图书馆 CIP 数据核字（2021）第 233804 号

责任编辑：关雅莉　　　　　　特约编辑：田学清
印　　刷：三河市兴达印务有限公司
装　　订：三河市兴达印务有限公司
出版发行：电子工业出版社
　　　　　北京市海淀区万寿路 173 信箱　　　邮编：100036
开　　本：880×1230　　1/16　　印张：17.5　　字数：403.2 千字
版　　次：2018 年 3 月第 1 版
　　　　　2021 年 11 月第 2 版
印　　次：2024 年 2 月第 8 次印刷
定　　价：49.00 元

凡所购买电子工业出版社图书有缺损问题，请向购买书店调换。若书店售缺，请与本社发行部联系，联系及邮购电话：（010）88254888，88258888。

质量投诉请发邮件至 zlts@phei.com.cn，盗版侵权举报请发邮件至 dbqq@phei.com.cn。

本书咨询联系方式：（010）88254550，zhengxy@phei.com.cn。

前　言

为建立健全教育质量保障体系，提高职业教育质量，教育部于 2014 年颁布了《中等职业学校专业教学标准》（以下简称《专业教学标准》）。《专业教学标准》是指导和管理中等职业学校教学工作的主要依据，是保证教育教学质量和人才培养规格的纲领性教学文件。在"教育部办公厅关于公布首批《中等职业学校专业教学标准（试行）》目录的通知"（教职成厅函〔2014〕11 号）中，强调"专业教学标准是开展专业教学的基本文件，是明确培养目标和规格、组织实施教学、规范教学管理、加强专业建设、开发教材和学习资源的基本依据，是评估教育教学质量的主要标尺，同时也是社会用人单位选用中等职业学校毕业生的重要参考"。

1. 本书特色

本书根据教育部颁发的《中等职业学校专业教学标准（试行）信息技术类（第一辑）》中的相关教学内容和要求编写。

本书总结了编者多年来从事计算机网络工程实践及教学的经验，根据网络工程实际工作过程中所需要的知识和技能提炼出了若干教学项目。本书中的各项目先给出项目描述，再提供完成该项目所必须掌握的操作技能及相关理论知识，部分项目还有知识拓展，供有余力的学生进行课外学习，同时安排了学习小结，供学生对本任务或本活动的知识点进行总结，在项目的最后安排了项目考核，供学生进行课后练习。每个项目以要实现的实训为核心来组织，实训中又细分为任务，形成了"项目—任务—活动"的结构体系，通过一个个任务来使学生学习和掌握相关知识和技能。每个任务基本上细分为"任务描述—任务分析—任务实施—任务验收—知识链接—任务小结"等板块，从工作现场需求与实践应用中引入教学项目，旨在培养学生完成工作任务而需要掌握的技能。

整个课程根据内容分为多个任务，每个任务严格遵循网络工程的施工流程进行设计，侧重规划设计与网络设备具体功能实现的编写。

通过对本课程的学习，学生可以了解 Cisco 公司的 Packet Tracer 7.3 模拟器的使用方法，了解 Cisco 交换机、路由器和无线 AP 的功能，熟练掌握交换技术中的 VLAN 技术、链路聚合技术、VTP 技术、STP 技术、DHCP 技术和 HSRP 技术等相关技术，熟练掌握路由技术中的单臂路由、静态路由和动态路由协议等技术，熟练掌握无线 AP 的基本功能和技术。

2．课时分配

本书的参考课时为 120 课时，可以根据学生的接受能力与专业需求灵活选择，具体课时可以参考下面的表格。

课时参考分配表

项　　目	项　目　名	课 时 分 配		
		讲授/课时	实训/课时	合计/课时
1	Cisco Packet Tracer 7.3 模拟器的使用	2	4	6
2	交换技术配置	8	20	28
3	路由技术配置	4	12	16
4	路由协议配置	6	10	16
5	网络安全技术配置	6	12	18
6	广域网技术配置	4	8	12
7	无线网络技术配置	4	6	12
8	综合实训	4	8	12

3．教学资源

为了提高学习效率和教学效果，方便教师教学，编者为本书配备了完整的配置代码，以及习题参考答案、PPT 课件和视频等配套的教学资源。请对此有需要的读者登录华信教育资源网（http://www.hxedu.com.cn）免费注册后进行下载，有问题时请在网站留言板留言或与电子工业出版社联系（E-mail：hxedu@phei.com.cn）。

4．本书编者

本书由张文库、门雅范和陈颜担任主编并负责统稿，由宋红相、杨盛会和郭志华担任副主编。本书具体编写分工如下：由陈颜负责编写项目 1，由张文库负责编写项目 2，由戴金辉负责编写项目 3，由宋红相负责编写项目 4，由杨盛会负责编写项目 5，由门雅范负责编写项目 6，由郭志华负责编写项目 7，由王印负责编写项目 8。

由于编者水平和编写时间所限，书中难免会存在疏漏和不足之处，敬请广大师生和读者给予批评指正。

编　者

目 录

项目1

Cisco Packet Tracer 7.3 模拟器的使用

项目描述

　　网络设备模拟器是指可以利用软件虚拟出相应的网络设备，并利用这些虚拟出来的网络设备进行连接及相关配置，来验证或解决相应网络问题的虚拟软件。目前，社会上存在很多网络设备模拟器，如华为 eNSP 网络设备模拟器和 Cisco Packet Tracer 7.3 模拟器等。一款优秀的网络设备模拟器功能全面、强大，可以用于模拟网络的搭建、配置、运行，是网络管理员和网络技术学习者必不可少的一款工具，而 Cisco Packet Tracer 7.3 模拟器恰恰证明了这一点。

　　本项目重点介绍 Cisco Packet Tracer 7.3 模拟器的安装和基本使用方法。

知识目标

1. 了解 Cisco Packet Tracer 7.3 模拟器的作用和特点。
2. 认识 Cisco Packet Tracer 7.3 模拟器的主界面。
3. 熟悉 Cisco Packet Tracer 7.3 模拟器的简单操作。

能力目标

1. 能正确安装 Cisco Packet Tracer 7.3 模拟器并进行汉化。
2. 能正确使用 Cisco Packet Tracer 7.3 模拟器搭建网络拓扑。
3. 能熟练操作和使用 Cisco Packet Tracer 7.3 模拟器。

素质目标

1. 不仅培养读者的团队合作精神和写作能力，还培养读者的协同创新能力。

2. 不仅培养读者的交流沟通能力，还培养读者的逻辑思维能力。

3. 培养读者的信息素养和学习能力，使其能够运用正确的方法和技巧掌握新知识、新技能。

4. 培养读者的独立思考能力和创新能力，使其能够掌握相关知识点并完成项目任务。

思政目标

1. 崇尚宪法、遵纪守法，奠定专业基础，提高读者的自主学习能力。

2. 树立读者正确使用软件、合理下载软件和安全使用软件的理念，能够协同完成实训。

思维导图

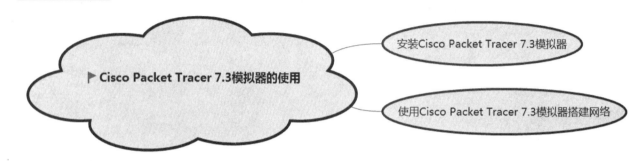

任务 1 | 安装 Cisco Packet Tracer 7.3 模拟器

❖ 任务描述

随着业务规模的扩大，海成公司购置了思科公司的路由器，但是网络管理员对思科公司的设备并不熟悉，于是网络管理员通过互联网找到了思科公司的网络设备模拟器来进行学习。

❖ 任务分析

网络管理员可以通过互联网访问思科网络技术学院的官方网站，在使用邮箱成功注册后，下载最新版本的 Cisco Packet Tracer 模拟器，也可以使用本书配套资源中提供的安装包文件。掌握 Cisco Packet Tracer 7.3 模拟器的安装和汉化操作是每个学习者必须掌握的知识和技能。

本任务要求读者重点掌握 Cisco Packet Tracer 7.3 模拟器的安装和汉化操作。

❖ 任务实施

步骤 1：将下载好的 Cisco Packet Tracer 7.3 模拟器的安装文件及汉化语言包文件进行解压缩，然后使用鼠标双击 PacketTracer-7.3.0-win64-setup.exe 文件，进入安装许可协议界面，如图 1.1.1 所示。

步骤 2：在图 1.1.1 中单击"I accept the agreement"单选按钮接受安装许可协议，然后单击"Next"按钮，进入安装路径设置界面，如图 1.1.2 所示。

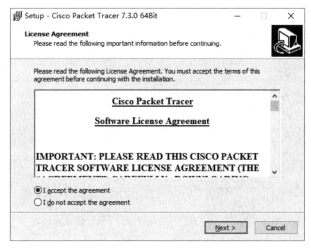

图 1.1.1　Cisco Packet Tracer 7.3 模拟器的
安装许可协议界面

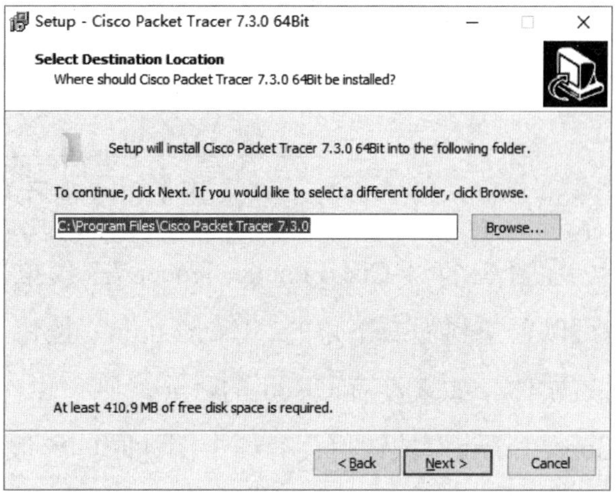

图 1.1.2　Cisco Packet Tracer 7.3 模拟器的
安装路径设置界面

步骤 3：在图 1.1.2 中使用默认安装路径进行安装，此路径在后面进行汉化操作时需要用到。从图 1.1.2 中可以看到，安装路径为 C:\Program Files\Cisco Packet Tracer 7.3.0。连续单击"Next"按钮直到进入正式安装界面，如图 1.1.3 所示。

步骤 4：在图 1.1.3 中单击"Install"按钮，进入软件安装过程界面，如图 1.1.4 所示。

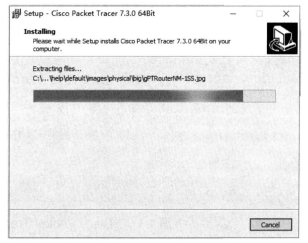

图 1.1.3　Cisco Packet Tracer 7.3 模拟器的
正式安装界面

图 1.1.4　Cisco Packet Tracer 7.3 模拟器的
软件安装过程界面

步骤 5：在安装完成后会弹出软件安装完成对话框，单击"Finish"按钮，系统会自动弹出对话框，提示用户保存文件的路径，单击"OK"按钮，如图 1.1.5 所示。

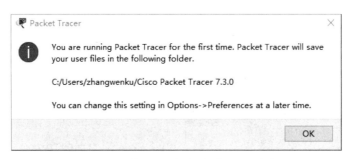

图 1.1.5　提示用户保存文件的路径

步骤 6：打开 Cisco Packet Tracer 7.3 模拟器进入用户登录界面。如果用户有 Cisco 的账号，则可以单击界面右下角的"User Login"按钮，并输入合法的用户名和密码，在登录后即可使用该软件。如果没有 Cisco 的账号，则可以单击界面右下角的"Guest Login"按钮，在单击"Guest Login"按钮后会有一个倒计时，一般为 15 秒，等时间到后再单击"Guest Login"按钮即可使用该软件。但是如果通过"Guest Login"按钮登录软件，则只可以保存不多于 3 次的设备配置文件。用户登录界面如图 1.1.6 所示。

图 1.1.6　Cisco Packet Tracer 7.3 模拟器的用户登录界面

步骤 7：在登录软件后，系统会自动弹出 Cisco Packet Tracer 7.3 模拟器的软件界面，如图 1.1.7 所示。

步骤 8：由于 Cisco Packet Tracer 7.3 模拟器默认是英文的操作界面，因此为了更好地掌握和学习该软件，还可以进一步对 Cisco Packet Tracer 7.3 模拟器进行汉化。在进行汉化前最好先关闭已经开启的 Cisco Packet Tracer 7.3 模拟器。复制软件包中的 Chinese.ptl 文件到 Cisco Packet Tracer 7.3 模拟器安装目录下的 languages 文件夹中，如图 1.1.8 所示。

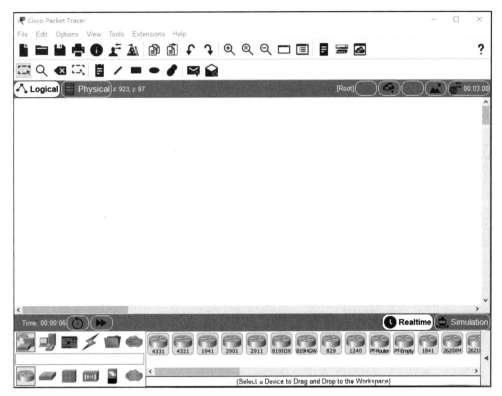

图 1.1.7 Cisco Packet Tracer 7.3 模拟器的软件界面

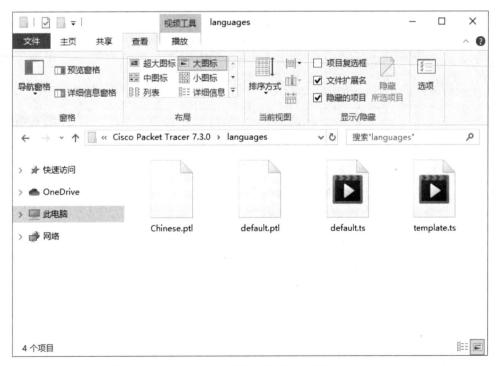

图 1.1.8 复制 Chinese.ptl 文件到安装目录下的 languages 文件夹中

步骤 9：重新启动 Cisco Packet Tracer 7.3 模拟器，在菜单栏中的"Options"下拉菜单中找到并选择"Preferences"选项，或者直接使用 Ctrl+R 组合键，将会弹出如图 1.1.9 所示的"Preferences"对话框。

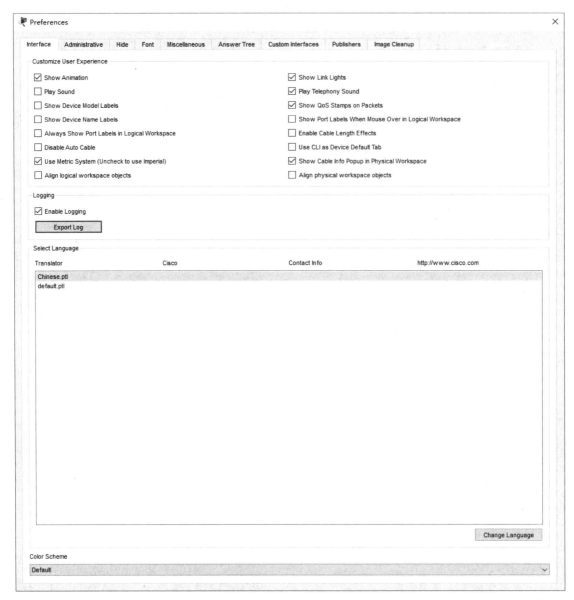

图 1.1.9　Cisco Packet Tracer 7.3 模拟器的"Preferences"对话框

步骤 10：在如图 1.1.9 所示的对话框中可以进行许多设置。例如，如果想要使用软件的声效，则可以勾选"Play Sound"复选框。而如果想实现汉化操作，则可以在"Select Language"列表框中选择"Chinese.ptl"选项，然后单击"Change Language"按钮。

步骤 11：在弹出的如图 1.1.10 所示的对话框中的提示说明：必须在重新启动软件后，新的语言包才能生效。单击"OK"按钮，完成软件的汉化操作。

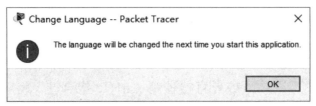

图 1.1.10　确认更改语言包操作

小贴士

这里需要注意的是，Cisco Packet Tracer 7.3 模拟器的汉化操作并非完全的汉化，部分操作还是以英文来显示的。

❖ 知识链接

Cisco Packet Tracer 7.3 模拟器是思科公司打造的一款强大的网络设备模拟工具，可以为用户提供真实的操作经验，其特点是界面直观、操作简单、帮助功能强大、容易上手，非常适合初学者或在校生网络互联相关课程的实验教学。用户可以通过它来练习使用路由器、交换机和其他各种设备构建简单或复杂的网络，或者尝试为智慧城市、家庭和企业设计互联解决方案。Cisco Packet Tracer 7.3 模拟器可以作为学习平台，用于课程教学、远程学习、职业培训、工作规划或自由练习。

Cisco Packet Tracer 7.3 模拟器有 Windows 桌面版、Linux 桌面版、macOS 桌面版和移动版（iOS 版和 Android 版）。但是需要注意 Windows 桌面版是 32 位还是 64 位，否则无法安装。

❖ 任务验收

重新启动软件，再次检查软件的界面。这时可以发现，所有的菜单栏和界面中的文字都变成中文了，这样就可以更方便地进行学习和操作了。

在如图 1.1.11 所示的 Cisco Packet Tracer 7.3 模拟器汉化成功后的界面中，白色区域为工作区；工作区上方是菜单栏和工具栏；工作区下方为设备类型选择区和设备型号选择区，包括网络设备、计算机、连接线缆等；工具栏下方为设备编辑工具箱，包括选择、查看、删除、更改布局、注释设备、画图等工具。

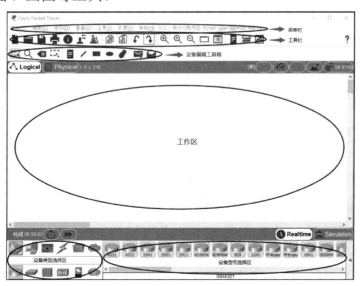

图 1.1.11 Cisco Packet Tracer 7.3 模拟器安装和汉化成功

❖ **任务小结**

（1）Cisco Packet Tracer 7.3 模拟器的安装过程和汉化过程。安装过程和汉化过程比较简单，与其他应用软件的安装过程类似。

（2）Cisco Packet Tracer 7.3 模拟器对硬件的要求不高，因此可以在学校的各个实验室中安装和使用，也可以在家庭计算机上安装和使用，从而增加读者动手操作的机会和提高熟练程度。

（3）Cisco Packet Tracer 7.3 模拟器是一款免费的共享软件，不需要注册和破解，但是在使用 Guest 身份登录软件时，每次都需要等待，因此建议使用 User 身份登录软件。

任务 2 使用 Cisco Packet Tracer 7.3 模拟器搭建网络

❖ **任务描述**

海成公司的网络管理员在安装 Cisco Packet Tracer 7.3 模拟器后，还不太会使用该软件来搭建网络，于是准备使用该软件搭建一个网络拓扑，用于以后的学习。

❖ **任务分析**

如果想要在 Cisco Packet Tracer 7.3 模拟器中进行一组网络实验，则首先需要搭建好用于实验的网络拓扑结构，这就要求用户掌握如何在 Cisco Packet Tracer 7.3 模拟器中添加网络设备，以及如何对相邻的网络设备进行互连。

本任务重点介绍网络设备的添加与连线，基于路由器和交换机的网络拓扑图如图 1.2.1 所示。

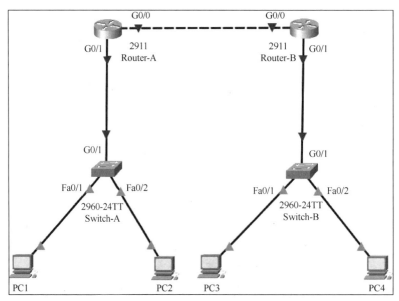

图 1.2.1 基于路由器和交换机的网络拓扑图

❖ **任务实施**

步骤 1：添加网络设备并更改标签名。在软件主窗口的设备类型选择区中可以看到许多不同种类的网络设备，从左到右、从上到下依次为网络设备、终端设备、组件、连接线缆、杂项、多用户连接、路由器、交换机、集线器、无线设备、防火墙、WAN 仿真器，如图 1.2.2 所示。

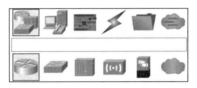

图 1.2.2　设备类型选择区

步骤 2：首先在设备类型选择区内找到想要添加的网络设备的大类别，然后从该类别的设备型号中寻找自己想要的设备，最后将其拖动到工作区即可完成添加设备的操作。例如，在本任务中添加一台型号为 2911 的路由器，如图 1.2.3 所示。在添加完成后，在工作区中可以看到一个标签名为 Router0 的型号为 2911 的路由器的图标。单击该标签，可以进入标签的编辑状态，更改标签名为 Router-A。

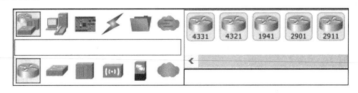

图 1.2.3　添加型号为 2911 的路由器

步骤 3：使用同样的办法，可以添加其他网络设备和更改标签名。在添加完成后，可以通过鼠标拖动的方式来调整各个设备之间的位置关系，如图 1.2.4 所示。

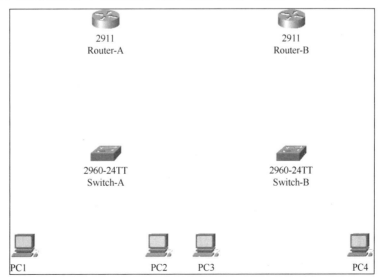

图 1.2.4　添加所需的网络设备

步骤 4：使用线缆连接设备。每个设备都是独立的，如果想要进行网络配置实验，则还需要进行设备之间的连线。在网络设备添加好后，选择相应的线缆，然后在要进行连线的网络设备上单击。Cisco Packet Tracer 7.3 模拟器对设备的连线要求是非常严格的。不同的设备、不同的接口之间需要采用不一样的线缆进行连接，否则不能连通。因此，在连接设备时需要特别注意。在本任务中，当为 PC1 与 Switch-A 进行连接时需要使用直通线。当单击 PC1 时会进入如图 1.2.5 所示的接口选择界面，先选中要进行连接的接口，再移动到 Switch-A 上单击，选中适当的接口即可进行连接。

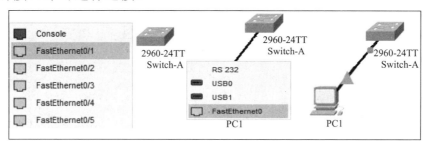

图 1.2.5 选择网络设备的连接接口

步骤 5：使用步骤 4 的方法，可以在其他设备之间进行连接。完成后的网络拓扑应该与图 1.2.1 相似。

❖ 知识链接

1. 显示网络拓扑图中所有设备的接口

在完成网络搭建后，可能无法看到设备之间使用的接口，可以通过选择"Options"→"Preferences"选项，弹出如图 1.2.6 所示的"Preferences"对话框，勾选"在逻辑工作空间中总显示端口标签"复选框来进行设置。

图 1.2.6 "Preferences"对话框

2. 设备编辑工具箱的使用

设备编辑工具箱如图 1.2.7 所示。

图 1.2.7 设备编辑工具箱

使用设备编辑工具箱可以对设备进行编辑。设备编辑工具箱从左到右依次为选择、查看、删除、更改布局、注释、绘制直线、绘制矩形、绘制椭圆、绘制任意形状、增加简单协议数据单元、增加复杂协议数据单元。各工具的说明如下。

（1）选择：选中一个设备或线缆，可以移动设备的位置。

（2）查看：在选中此工具后，可以在路由器、PC 上看到各种表，如路由表等。

（3）删除：使用此工具可以删除一个或多个设备、线缆、注释等。

（4）更改布局：总体移动。当网络拓扑比较大时，可以使用此工具进行移动查看。

（5）注释：用来添加注释，使用户看得更清楚、明白。

（6）绘制直线：在选中此工具后，可以在工作区位置绘制直线。

（7）绘制矩形：在选中此工具后，可以在工作区位置绘制矩形。

（8）绘制椭圆：在选中此工具后，可以在工作区位置绘制椭圆。

（9）绘制任意形状：在选中此工具后，可以在工作区位置绘制任意形状。

（10）增加简单协议数据单元：使用此工具可以提供测试网络连通性功能。

（11）增加复杂协议数据单元：用户可以选择协议类型、源/目标 IP 地址、源/目标接口号和数据包大小、发送间隔等信息。

3. 熟悉鼠标的操作

鼠标操作分为单击、拖动和框选。各个操作的说明如下。

（1）单击：单击任意一个设备，可以打开该设备的配置面板。

（2）拖动：拖动任意一个设备，可以重新调整该设备在界面中的位置。

（3）框选：可以选中多个设备，结合拖动操作可以同时移动多个选中的设备，从而调整设备的位置。

4. 认识网络连接的线缆

当在设备选择区中选中线缆时，从右侧的设备型号选择区中可以看到许多不同的线缆类型，如图 1.2.8 所示。线缆类型从左到右依次为自动选择类型、控制线、直通线、交叉线、光纤、电话线、同轴电缆、DCE 串口和 DTE 串口线、Octal 线、IoT 自定义线缆、USB 线缆。

图 1.2.8 Cisco Packet Tracer 7.3 模拟器中的线缆类型

（1）自动选择类型：自动连线，可以通用，但是一般不建议使用，除非真的不知道设备之间该使用什么类型的连线。

（2）控制线：用来连接计算机的 COM 接口和网络设备的 Console 接口。

（3）直通线：双绞线的两端采用以同一种线序标准制作的网线，一般用来连接不同网络设备之间的以太网接口，如计算机与交换机、交换机与路由器之间的以太网接口。

（4）交叉线：双绞线的两端采用以不同线序标准制作的网线，一般用来连接相同或相似网络设备之间的以太网接口，如计算机与计算机、计算机与路由器、路由器与路由器之间的以太网接口。

（5）光纤：光纤又称光导纤维，是软而细的、利用内部全反射原理来传导光束的传输介质。光纤用来连接光纤设备，如交换机的光纤模块。

（6）电话线：用来连接 Modem（调制解调器）或路由器的基本电话连接服务的 RJ-11 接口的模块。

（7）同轴电缆：现行以太网同轴电缆的接法有两种：一种是直径为 0.4cm 的 RG-11 粗缆，采用凿孔接头接法；另一种是直径为 0.2cm 的 RG-58 细缆，采用 T 形头接法。

（8）DCE 串口和 DTE 串口线：用来接入路由器广域网。在实际应用中，需要把 DCE 串口线和一台路由器相连，DTE 串口线和另一台设备相连。但是在 Cisco Packet Tracer 7.3 模拟器中，只需要选择一条线即可。若选择了 DCE 线，则和这条线相连的路由器为 DCE 端，需要配置该路由器的时钟。

（9）Octal 线：Octal 线俗称"八爪线"，用来连接多台设备。通过 CAB-OCTAL- ASYNC 电缆在一个异步接口上引出 8 条电缆连接到 8 台设备的 Console 接口。

（10）IoT 自定义线缆：主要用来连接物联网设备的线缆。

（11）USB 电缆：主要用来连接事物、组件、微控制器（MCU-PT）和单板计算机（SBC-PT）作为数据连接。

5．为设备添加注释文字

使用设备编辑工具箱中的注释工具，在工作区单击鼠标后直接输入注释文字。图 1.2.9 所示为给交换机添加 VLAN 划分注释文字。

6．删除操作

使用设备编辑工具箱中的删除工具，可以删除已经添加好的网络设备、线缆、注释文字等。删除操作非常简单，使用删除工具直接单击想要删除的设备即可；也可以先选中多个设备，然后单击"删除"图标，即可一次性删除多个设备，如图 1.2.10 所示。

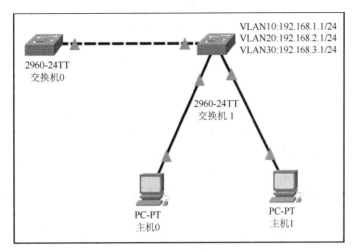

图 1.2.9　为设备添加注释文字

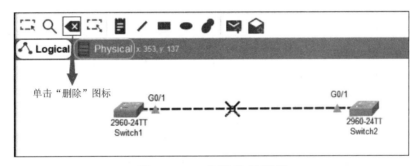

图 1.2.10　删除连接线缆

7. 管理计算机

在工作区中添加一台计算机,使用鼠标单击该计算机的图标,这时会弹出计算机的管理界面,如图 1.2.11 所示。

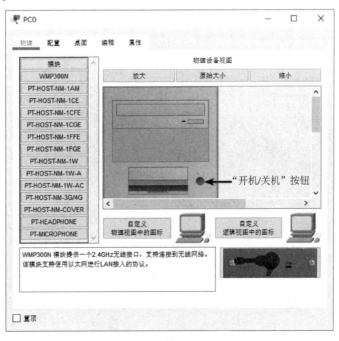

图 1.2.11　计算机的管理界面

选择"配置"选项卡，在此选项卡界面中，可以进行主机标签名的设置、IP 地址的设置、DNS 服务器地址的设置、网卡的带宽设置和网卡的工作模式设置，如图 1.2.12 所示。

图 1.2.12　计算机的"配置"选项卡界面

选择"桌面"选项卡，在此选项卡界面中提供了 IP 配置、拨号、终端、命令提示符、网页浏览器和 PC 无线等功能。其中，"IP 配置"将以模拟窗口的形式配置并显示当前主机的 IP 配置信息；"拨号"可以实现拨号连接；"终端"可以打开虚拟超级终端；"命令提示符"可以提供 MS-DOS 命令环境，在该环境中可以执行 arp、ipconfig、netstat、ping、telnet 和 tracert 等网络调试和诊断命令，如图 1.2.13 所示。

图 1.2.13　计算机的"桌面"选项卡界面

选择"IP 配置"选项为计算机设置静态 IP 地址，包括 IP 地址、子网掩码、默认网关和 DNS 服务器的配置，如图 1.2.14 所示。如果想要设置为自动获取 IP 地址，则在此界面中选中"DHCP"单选按钮即可。

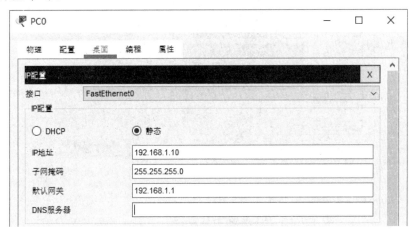

图 1.2.14　设置计算机的静态 IP 地址

8．管理路由器

在 Cisco Packet Tracer 7.3 模拟器中，路由器、交换机与计算机一样，都有相应的管理界面。

在工作区中添加一台型号为 2911 的路由器，使用鼠标单击工作区中路由器的图标，将会弹出路由器的管理界面，如图 1.2.15 所示。路由器可以添加许多模块，在"物理"选项卡界面中，有许多模块。界面的左下方是对选中模块的文字描述，界面的右下方是选中模块的实物图，界面的中间区域是路由器的实物图，上面许多黑色的区域为添加模块的空槽。例如，当添加 HWIC-2T 模块时，可以使用鼠标左键选中该模块并不放，拖动到插槽中即可。

注 意

在添加模块前一定要先关闭电源，电源位置如图 1.2.15 所示。绿色表示电源处于开启状态，使用鼠标单击绿点处，电源即可关闭。在模块添加完成后需要重新打开电源。

卸载模块的方法与添加模块的方法类似，首先要关闭路由器的电源，然后把添加好的模块从插槽拖动到模块区域中即可。

在 Cisco Packet Tracer 7.3 模拟器中，还专门设置了路由器和交换机的"命令行界面"选项卡，使用"命令行界面"选项卡进行网络设备的配置与后面讲述的超级终端的管理方法是一致的，都可以完成对交换机或路由器的相应配置。路由器的"命令行界面"选项卡界面如图 1.2.16 所示。

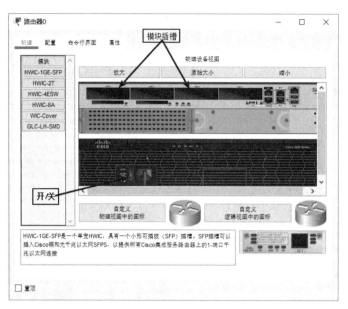

图 1.2.15 路由器的"物理"选项卡界面①

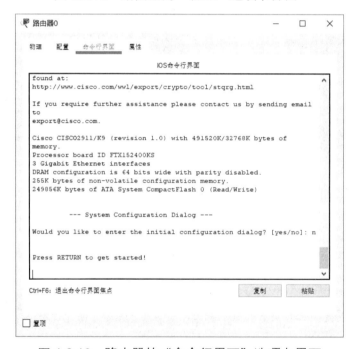

图 1.2.16 路由器的"命令行界面"选项卡界面

❖ 任务验收

在完成网络搭建后，主要的测试就是检查使用的线缆是否正确，以及检查连接的接口是

---

① 软件汉化过程中，某些地方的翻译可能不太准确，图中对 HW2C-2T 模块的描述参考如下：HWIC-1GE-SFP 是一种具有一个小型可插拔（SFP）插槽的单宽度 HWIC。SFP 插槽可以通过安装 Cisco 铜缆和光纤千兆位以太网 SFP，在 Cisco 2800（不包括 Cisco 2801）和 Cisco 3800 系列系统上提供单端口千兆位以太网连接。本书的图 3.1.5 中对 HWIC-2T 模块的描述同上。

否正确。线缆可以一眼就看出是否使用正确,因为每一种线的形状或颜色都不同。但是检查接口是否连接正确则需要使用以下方法:将鼠标指针移到对应的连接线路上,可以看到线缆两端所连接的接口的类型和名称,如图 1.2.17 所示。

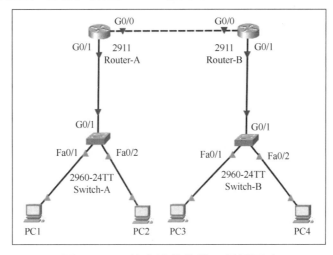

图 1.2.17　检查连接的接口是否正确

❖ 任务小结

(1)在添加网络设备时应注意设备的型号,不同型号的设备的功能会有很大区别。

(2)不同的设备之间、不同类型的接口之间使用的连接线缆会有很大的差别,因此进行网络设备的连接时需要注意正确选择线缆。

(3)在连接网络设备时,要根据连接要求正确连接各个网络设备的接口。

项 目 实 训

打开 Cisco Packet Tracer 7.3 模拟器,完成如图 1.2.18 所示的网络拓扑结构图。

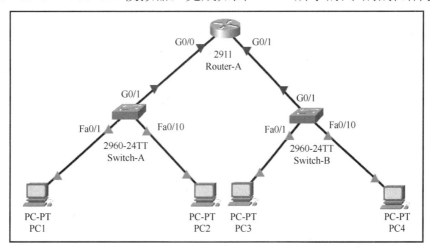

图 1.2.18　网络拓扑结构图

项目 2
交换技术配置

项目描述

交换技术在现代高速网络中具有重要作用，企业网络依赖交换机分隔网段并实现高速连接。交换机是适应性极强的第二层设备。在简单场景中，交换机可以替代集线器作为多台主机的中心连接点；在复杂应用中，交换机可以连接一台或多台其他交换机，从而建立、管理和维护冗余链路及 VLAN 连通性。对于网络学习者而言，熟悉交换机的配置、熟练掌握交换机的管理是必备的知识和技能。

本项目重点介绍交换机的基本配置、交换机的 VLAN 配置、交换机的常用技术配置等内容。

知识目标

1. 了解交换机的工作原理和作用。
2. 理解 VLAN 的原理和作用。
3. 了解交换机的远程管理的作用。
4. 理解链路聚合技术的原理和作用。
5. 理解 VTP 技术的原理和作用。
6. 理解 STP 技术的原理和作用。
7. 理解 DHCP 技术的原理和作用。
8. 理解 HSRP 技术的原理和作用。

能力目标

1. 熟悉交换机的各种配置模式。
2. 能熟练配置交换机的各项网络参数及接口状态。

3. 学会交换机 VLAN 的划分。

4. 学会配置交换机之间相同 VLAN 的通信。

5. 学会配置三层交换机实现 VLAN 之间的通信。

6. 能熟练配置交换机的链路聚合技术。

7. 能熟练配置交换机的 VTP 技术。

8. 能熟练配置交换机的 STP 技术。

9. 能熟练配置交换机的 DHCP 技术。

10. 能熟练配置交换机的 HSRP 技术。

素质目标

1. 不仅培养读者的团队合作精神和写作能力，还培养读者的协同创新能力。

2. 不仅培养读者的交流沟通能力和独立思考能力，还培养读者严谨的逻辑思维能力，使其能够正确地处理交换网络中的问题。

3. 培养读者的信息素养和学习能力，使其能够运用正确的方法和技巧掌握新知识、新技能。

4. 培养读者的独立思考能力和创新能力，使其能够掌握相关知识点并完成项目任务。

思政目标

培养读者诚信、务实和严谨的职业素养。

思维导图

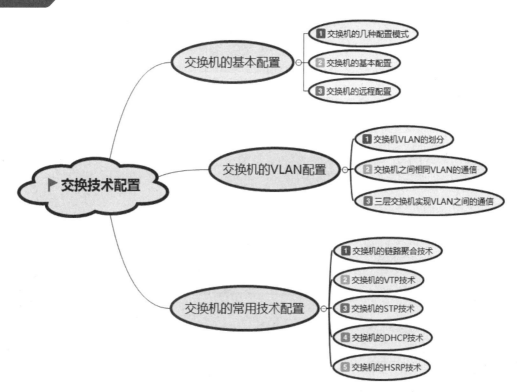

任务 1 │ 交换机的基本配置

交换机的基本配置主要包括给设备命名、登录信息、设置特权密码及 VTY 密码、Telnet 登录、SSH 远程管理、接口配置等。本任务分为以下 3 个活动展开介绍。

活动 1　交换机的几种配置模式

活动 2　交换机的基本配置

活动 3　交换机的远程配置

活动 1　交换机的几种配置模式

交换机的配置模式主要包括用户配置模式、特权模式、全局配置模式、接口配置模式和 VLAN 配置模式等。熟练掌握交换机各种配置模式的进入与切换，了解各种配置模式下的配置命令，将为以后的学习打下良好的基础。

❖ 任务描述

为了组建局域网，海成公司新购置了一批 Cisco Catalyst 2960 系列以太网交换机，以实现设备的接入。在设备接入之前，网络管理员需要先熟悉交换机的配置模式及基本配置命令。

❖ 任务分析

在工作区中添加一台 Cisco Catalyst 2960 系列以太网交换机和一台计算机，交换机的 Console 接口与计算机的 COM 接口互连，使用交换机出厂随机配置的专用控制线连接，此时交换机为出厂配置，使用交换机管理界面中的"命令提示符"进行操作，练习交换机的多种配置模式的切换。

交换机配置模式的拓扑图如图 2.1.1 所示。

PC-PT
PC0

2960-24TT
交换机0

图 2.1.1　交换机配置模式的拓扑图

具体要求如下：

（1）在工作区中添加一台交换机，使用计算机的终端连接交换机。

（2）使用交换机管理界面中的"命令提示符"进行操作。

（3）了解交换机的各种配置模式。

（4）掌握各种配置模式之间的切换方法。

（5）掌握交换机 IOS 的基本操作命令。

❖ **任务实施**

步骤 1：单击 PC0，在打开的界面中选择"桌面"选项卡，进入如图 2.1.2 所示的界面，选择"终端"选项，将其打开。

图 2.1.2　PC0 的"桌面"选项卡界面

步骤 2：在弹出的"终端配置"对话框中，调整超级终端的参数，如图 2.1.3 所示，然后单击"确定"按钮。

图 2.1.3　"终端配置"对话框

步骤3：在计算机的终端连接上交换机后，就可以对交换机进行配置了，如图2.1.4所示。

图 2.1.4　计算机的终端连接上交换机

步骤 4：进入交换机配置页面，等待交换机装载系统文件，当出现如下提示时，表示系统启动完成。

```
Loading "flash:/c2960-lanbase-mz.122-25.FX.bin"…
######################################################################## [OK]


Cisco IOS Software, C2960 Software (C2960-LANBASE-M), Version 12.2(25)FX, RELEASE
SOFTWARE (fc1)
Cisco WS-C2960-24TT (RC32300) processor (revision C0) with 21039K bytes of memory.


Switch Ports Model SW Version SW Image
------ ----- ----- ---------- ----------
* 1 26 WS-C2960-24TT 12.2 C2960-LANBASE-M


Cisco IOS Software, C2960 Software (C2960-LANBASE-M), Version 12.2(25)FX, RELEASE
SOFTWARE (fc1)
Copyright (c) 1986-2005 by Cisco Systems, Inc.
Compiled Wed 12-Oct-05 22:05 by pt_team


Press RETURN to get started!
```

步骤 5：此时按下 Enter 键即可进入交换机的用户配置模式。此时显示交换机的默认主机名为 Switch，并且用户配置模式的提示符为>。在该配置模式下可以使用的命令比较少，可以使用?命令显示用户配置模式下的所有命令。

```
Switch>?
Exec commands:
connect          Open a terminal connection
disable          Turn off privileged commands
disconnect       Disconnect an existing network connection
enable           Turn on privileged commands
exit             Exit from the EXEC
logout           Exit from the EXEC
ping             Send echo messages
resume           Resume an active network connection
show             Show running system information
telnet           Open a telnet connection
terminal         Set terminal line parameters
traceroute       Trace route to destination
Switch>
```

步骤 6：在用户配置模式下输入 enable 命令，进入特权模式。特权模式的提示符为#，所以该模式也被称为#模式。在特权模式下，可以对交换机的配置文件进行管理，如查看交换机的配置信息、进行网络的测试和调试等。输入?命令可以查看特权模式下的所有命令。

```
Switch>enable
Switch#?
Exec commands:
clear            Reset functions
clock            Manage the system clock
configure        Enter configuration mode
connect          Open a terminal connection
copy             Copy from one file to another
debug            Debugging functions (see also 'undebug')
delete           Delete a file
dir              List files on a filesystem
disable          Turn off privileged commands
disconnect       Disconnect an existing network connection
enable           Turn on privileged commands
erase            Erase a filesystem
exit             Exit from the EXEC
```

```
logout              Exit from the EXEC
more                Display the contents of a file
no                  Disable debugging informations
ping                Send echo messages
reload              Halt and perform a cold restart
resume              Resume an active network connection
setup               Run the SETUP command facility
show                Show running system information
 --More--
```

步骤 7：在全局配置模式下，可以配置交换机的全局性参数。在特权模式下，输入 config terminal 或 config t 或 conf t 命令即可进入全局配置模式。全局配置模式也称 config 模式，在该配置模式下输入的命令会影响整个交换机的运行环境。

```
Switch#config t
Enter configuration commands, one per line. End with CNTL/Z.
Switch(config)#?
Configure commands:
access-list         Add an access list entry
banner              Define a login banner
boot                Boot commands
cdp                 Global CDP configuration subcommands
clock               Configure time-of-day clock
crypto              Encryption module
default             Set a command to its defaults
do                  To run exec commands in config mode
enable              Modify enable password parameters
end                 Exit from configure mode
exit                Exit from configure mode
hostname            Set system's network name
interface           Select an interface to configure
ip                  Global IP configuration subcommands
line                Configure a terminal line
lldp                Global LLDP configuration subcommands
logging             Modify message logging facilities
mac                 MAC configuration
mac-address-table   Configure the MAC address table
mls                 mls global commands
monitor             SPAN information and configuration
 --More--
```

步骤 8：在接口配置模式下，可以对交换机的接口进行参数配置。一般交换机拥有许多接口，还可以添加不同的模块。在默认情况下，交换机的所有接口都是以太网接口类型。当进入接口配置模式时，需要使用 interface fastEthernet<接口 ID>命令。

```
Switch(config)#interface f0/1
Switch(config-if)#?
cdp                  Global CDP configuration subcommands
channel-group        Etherchannel/port bundling configuration
channel-protocol     Select the channel protocol (LACP, PAgP)
description          Interface specific description
duplex               Configure duplex operation.
Exit                 Exit from interface configuration mode
ip                   Interface Internet Protocol config commands
mls                  mls interface commands
no                   Negate a command or set its defaults
shutdown             Shutdown the selected interface
spanning-tree        Spanning Tree Subsystem
speed                Configure speed operation.
storm-control        storm configuration
switchport           Set switching mode characteristics
tx-ring-limit        Configure PA level transmit ring limit
```

步骤 9：交换机各模式之间的切换可以通过 exit 和 end 命令完成。

```
Switch>enable              //从用户配置模式进入特权模式
Switch#conf t              //从特权模式进入全局配置模式
Switch(config)#int f0/1    //从全局配置模式进入接口配置模式
Switch(config-if)#exit     //返回上一级模式
Switch(config)#end         //直接返回特权模式
Switch#disable             //从特权模式切换到用户配置模式
Switch>
```

小贴士

当屏幕提示出现"--More--"字样时，表示当前输出没有结束，可以按下 Space 键继续显示下一屏输出的信息，也可以按下 Enter 键显示下一行输出的信息。

配置和管理 Cisco LAN 交换机的方法有多种，如 Cisco Network Assistant、Cisco Device Manager、Cisco IOS CLI、Cisco View 管理软件和 SNMP 网络管理产品。在配置前需要注意当前无线网络的使用情况，防止无线网络中断。

上述的某些方法属于带内管理方式，需要采用 IP 地址或 Web 浏览器来连接交换机，这时需要用到 IP 地址。与路由器接口不同，交换机接口不会获得指定的 IP 地址。如果想要使用基于 IP 地址的管理产品或通过 Telnet 会话来管理 Cisco 交换机，则需要为交换机配置和管理 IP 地址。

❖ 知识链接

虽然在构建企业网络时会用到路由器和交换机，但是大多数企业的网络主要依赖于交换机。交换机每个接口的成本低于路由器，而且能够以线速快速转发帧。

交换机可以根据帧中的目的 MAC 地址，将消息流从一个接口转发到另一个接口。交换机不能在不同的局域网之间转发数据流量。在 OSI 模型中，交换机执行第二层（数据链路层）功能。

1. Cisco Catalyst 2960 系列以太网交换机

Cisco Catalyst 2960 系列以太网交换机是固定配置的独立设备，不支持模块和闪存卡插槽。由于不能改变固定配置的交换机的物理配置，因此必须根据所需的接口数和接口类型来决定是否使用此类交换机。Cisco Catalyst 2960 系列智能以太网交换机适用于中型和小型网络。此系列的交换机支持快速以太网和千兆以太网 LAN 连接。Cisco Catalyst 2960 系列以太网交换机的前面板如图 2.1.5 所示。

图 2.1.5　Cisco Catalyst 2960 系列以太网交换机的前面板

该系列的交换机使用 Cisco IOS，用户可以使用基于 GUI 的 Cisco Network Assistant 或通过 CLI 对其进行配置。

2. 多层交换机

第二层交换机基于硬件。此类交换机通过内部电路在接口之间建立物理连接，以线速转发流量，并且在转发流量时会用到 MAC 地址及 MAC 表中存在的目的 MAC 地址。第二层交换机只能在一个网段或子网内转发流量。

第三层交换机也称多层交换机（Multilayer Switching），其在同一台设备中集成了基于硬件的交换功能和基于硬件的路由功能。也就是说，多层交换机同时兼具第二层交换机和第三层路由器的功能。多层交换机通常会保存（或称"缓存"）会话中第一个数据包的源和目的路由信息。这样，后续数据包就无须执行路由查找，因为它们可以直接在内存中找到路由信息。这一缓存功能提升了设备的性能。

3. IOS 特性

在 Cisco Packet Tracer 7.3 模拟器中，网络设备 IOS 具有以下特性，掌握这些特殊的操作方法，将对后面进行网络实验有很大的帮助。

1）学习?命令的 3 种用法

* 直接输入?命令，显示出该模式下的所有命令。
* 在全局配置模式下，输入 i?命令，显示出所有以 i 字母开头的命令。
* 在全局配置模式下，输入 interface ?命令，显示出该命令的后续参数。

2）利用 Tab 键可以自动补全命令

* IOS 在有歧义的情况下，Tab 键将没有任何作用。例如，在全局配置模式下，以 i 字母开头的有 ip 和 interface 命令。
* 在全局配置模式下，以 i 字母开头的有 ip 和 interface 命令。在命令行中输入 in 并按下 Tab 键，此时系统将该命令没有歧义地自动补全为 interface。

执行代码如下：

```
Switch(config)#i          //输入 i 并按下 Tab 键，没有反应
Switch(config)#in         //输入 in 并按下 Tab 键，输出 interface 命令
//输入 interface f 并按下 Tab 键，输出 interface fastEthernet 命令
Switch(config)#interface f
Switch(config)#interface fastEthernet
```

3）命令简写

为了方便记忆和便于输入，IOS 支持命令的简写输入，通常仅需输入配置命令的前几个字母即可。例如：

* 在用户配置模式下，输入 enable 命令的效果与输入 ena 命令的效果是相同的。
* 在全局配置模式下，输入 configure terminal 命令的效果与输入 conf t 命令的效果是相同的。
* 在命令行中，interface fastEthernet 0/0 命令可以简写为 in f0/0 命令，达到的效果是相同的。

执行代码如下：

```
Switch>ena                //输入特权模式简写命令
Switch#                   //进入特权模式
Switch#conf t             //输入全局配置模式简写命令
Enter configuration commands, one per line. End with CNTL/Z.
Switch(config)#           //进入全局配置模式
Switch(config)#in f0/1    //输入接口配置模式简写命令
Switch(config-if)#        //进入接口配置模式
```

4）使用 show 命令

show 命令能够有针对性地查看用户想要了解的信息，如设备的版本、当前的运行配置、某个接口的状态等。show 命令是日常网络维护中非常重要的命令，例如：

- 显示配置信息：show running-config，该命令可以简写为 sh ru。
- 显示系统版本：show version，该命令可以简写为 sh ver。
- 显示接口信息：show interfaces fastEthernet 0/0，该命令可以简写为 sh in f0/0。
- 显示路由表：show ip route，该命令可以简写为 sh ip ro。
- 显示系统时间：show clock，该命令可以简写为 sh cl。

❖ 任务小结

本活动介绍了交换机的各个配置模式之间的层次关系，每个模式下均有许多不同的命令，可以完成不同的配置。例如，使用 exit 命令可以返回上一级模式，使用 end 命令可以直接返回特权模式。

活动 2 交换机的基本配置

交换机的基本配置是指对新购买的交换机进行的基本设置，主要包括交换机的设备命名、时间设置、密码设置、IP 地址配置及默认网关、远程管理配置等。

❖ 任务描述

为了组建局域网，海成公司新购置了一批 Cisco Catalyst 2960 系列以太网交换机，网络管理员已经熟悉了交换机的配置模式，下一步需要对交换机进行基本配置以便进行管理。

❖ 任务分析

为了保障交换机的管理安全，需要为交换机配置主机名称和密码。在给交换机分配地址时，必须将地址分配给虚拟局域网（Virtual Local Area Network，VLAN）接口。VLAN 允许将多个物理接口以逻辑形式组合在一起。

交换机基本配置的拓扑图如图 2.1.6 所示。

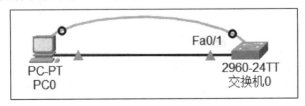

图 2.1.6　交换机基本配置的拓扑图

具体要求如下：

（1）将交换机的主机名称设置为 SWA。

（2）将交换机的系统时间设置为 2021 年 3 月 22 日中午 12:00:00。

（3）将交换机的 Console 接口密码设置为 123，并设置成密文存储。

（4）将交换机的特权密码设置为 123456，并设置成密文存储。

（5）配置交换机 VLAN1 的接口 IP 地址为 192.168.1.1/24。

（6）配置交换机接口双工模式和速度。

❖ **任务实施**

步骤 1：交换机命名。

在全局配置模式下，可以使用 hostname 命令将交换机的主机名称设置为 SWA。

```
Switch>                            //用户配置模式
Switch>enable                      //特权模式
Switch#config t                    //全局配置模式
Switch(config)#hostname SWA        //配置主机名称
SWA(config)#
```

步骤 2：当交换机在网络中工作时需要给设备设置准确的系统时间，这样才能与其他设备保持一致。系统时间应在交换机的特权模式下进行设置。配置交换机的系统时间为 2021 年 3 月 22 日 12:00:00。

```
SWA#clock set ?                              //当不清楚命令格式或参数要求时，可以输入?命令查看
hh:mm:ss  Current Time                       //系统提示命令的格式及参数要求
SWA#clock set 12:00:00 22 Mar 2021           //配置系统时间为当前时间
SWA#
```

> **小贴士**
>
> 交换机的时间配置格式为 HH:MM:SS day month year。而月份是采用英文方式输入的，1—12 月分别是 January、February、March、April、May、June、July、August、September、October、November、December。但是通常在配置时仅需要输入月份的前 3 个字母就可以了。交换机的星期也是采用英文简写方式显示的，从星期一到星期日分别为 Mon、Tue、Wed、Thu、Fri、Sat、Sun。

步骤 3：配置交换机的控制台密码。为交换机配置一个控制台密码，避免 Console 接口被恶意访问。网络管理员在通过 Console 接口进行配置时需要输入此密码验证身份。因为 Console 接口只有一个，所以默认后面以 0 来表示接口 ID，操作代码如下：

```
SWA>en
SWA#conf t
Enter configuration commands, one per line. End with CNTL/Z.
SWA(config)#line console 0          //进入 Console 0 接口线配置模式
SWA(config-line)#password 123       //为 Console 接口配置密码 123
SWA(config-line)#login              //允许通过本地登录，如果没有此命令，则密码不生效
SWA(config-line)#
```

步骤 4：配置交换机的特权密码。

```
SWA>en
SWA#conf t
SWA(config)#enable password 123456  //配置交换机的特权密码为 123456
SWA(config)#enable secret 654321    //配置特权密码为 654321，以密文形式保存
```

小贴士

一旦普通用户进入特权模式，即可查看交换机的全局配置，也可以直接输入 config t 命令，进入全局配置模式修改交换机的配置。为了保障交换机的安全，应该配置特权密码，限制用户进入特权模式。

配置的密码会保存在交换机的运行配置文件中，以明文形式保存，当用户查看配置文件时可以看到此密码。如果需要更高的安全级别，则可以使用 enable secret 命令配置密码，系统会为指定的密码进行加密保存，这样即使在配置文件中也无法看到原密码。

步骤 5：加密所有密码。

enable secret 命令只加密特权密码。如果需要对系统中的所有密码进行加密存储，则可以使用全局配置命令 service password-encryption。

```
SWA(config)#service password-encryption    //加密系统中的所有密码
SWA(config)#
```

步骤 6：配置交换机的接口 IP 地址和默认网关。

交换机的接口 IP 地址的设置是在全局配置模式下进行的。在默认情况下，二层交换机只有一个 VLAN1 接口，如果想要配置交换机的接口 IP 地址，则可以直接对 VLAN1 接口进行 IP 地址的设置。

```
SWA(config)#interface vlan 1        //进入 VLAN1 接口
//配置交换机的 IP 地址为 192.168.1.1
SWA(config-if)#ip address 192.168.1.1 255.255.255.0
SWA(config-if)#no shutdown          //打开交换机的 VLAN1 接口，IP 地址生效
SWA(config-if)#exit                 //返回全局配置模式
//配置交换机的默认网关，以便与不同网段的主机通信
SWA(config)#ip default-gateway 192.168.1.254
SWA(config)#
```

步骤 7：配置交换机接口双工模式和速度。

因为 Cisco Catalyst 2960 系列交换机的接口是支持 10Mbit/s、100Mbit/s、1000Mbit/s 多种速率的，所以在与其他设备连接时，可以使用 duplex 接口配置命令来指定交换机接口的双工操作模式。可以指定双工模式和速度为 auto，与对端设备进行自动协商；也可以手动指定交换机接口的双工模式为 full（全双工）或 half（半双工），速度可以指定为 100Mbit/s 或 10Mbit/s，以避免厂商之间的自动协商问题。

```
SWA(config)#in f0/1                    //进入接口配置模式
SWA(config-if)#duplex ?                //双工模式参数查询
auto  Enable AUTO duplex configuration
full  Force full duplex operation      //选择此选项，强制双工模式为全双工
half Force half-duplex operation       //选择此选项，强制双工模式为半双工
SWA(config-if)#duplex auto             //配置双工模式为 auto，自动协商模式
SWA(config-if)#speed ?
  10    Force 10 Mbps operation
  100   Force 100 Mbps operation
auto  Enable AUTO speed configuration
SWA(config-if)#speed auto              //配置速度为 auto
SWA(config-if)#end
SWA#
```

步骤 8：保存交换机的配置。

以上步骤所进行的配置默认保存在交换机的运行配置文件 running-config 中，如果交换机关机或掉电则配置失效，可以把运行配置文件中的内容保存在开机配置文件 startup-config 中，以便永久有效。此操作在特权模式下进行，代码如下：

```
SWA#copy run
//复制运行配置文件中的内容到开机配置文件中
SWA#copy running-config startup-config
Destination filename [startup-config]? //按下 Enter 键保留默认目标文件名
Building configuration…
[OK]
```

小贴士

如果在设置了 enable password 命令后又设置了 enable secret password 命令，则 enable secret password 命令会覆盖 enable password 命令。

在保存运行配置文件时，也可以在特权模式下输入 write 命令，把运行配置文件中的内容写入开机配置文件中。

❖ 任务验收

1．测试计算机与交换机之间的连通性

在设置好交换机的接口 IP 地址后，再设置计算机的 IP 地址为交换机接口 IP 地址同网段的 IP 地址，如 192.168.1.2，并利用计算机来测试其与交换机之间的连通性。计算机的"IP 配置"对话框如图 2.1.7 所示，默认网关和交换机的网关相同，为 192.168.1.254，DNS 服务器不用设置。在输入完成后，单击"关闭"按钮即可。

在配置完计算机的 IP 地址、子网掩码和默认网关等参数后，可以选择计算机管理界面中"桌面"选项卡中的"命令提示符"选项，在弹出的"命令行"对话框中使用 ping 命令进行测试。如图 2.1.8 所示，输入 ping 192.168.1.1 命令，然后按下 Enter 键。

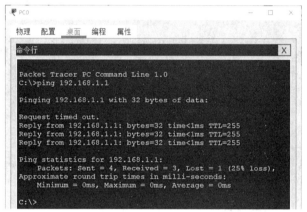

图 2.1.7　计算机的"IP 配置"对话框　　　图 2.1.8　测试计算机与交换机之间的连通性

2．密码验证

退出交换机的工作模式，当重新进入用户配置模式和特权模式时，系统会要求用户输入正确的密码。用户有 3 次输入密码的机会，如果输入正确，则直接进入相应模式；否则退出。界面如图 2.1.9 所示。

```
Password:            !Console 管理密码
SWA>enable
Password:
Password:
Password:
%  Bad passwords

SWA>ena
Password:
SWA#conf t
Enter configuration commands, one per line. End with CNTL/Z.
SWA(config)#
```

图 2.1.9　密码验证

当输入密码时，不会显示任何内容。

3．查看交换机的配置文件

在特权模式下输入 show running-config 命令，也可以输入该命令的简写形式：show run，即可查看运行配置文件，验证自己的配置是否正确。

```
SWA#show  run
Building configuration…

Current configuration : 1232 bytes
!
version 12.2
no service timestamps log datetimemsec
no service timestamps debug datetimemsec
service password-encryption
Hostname SWA                          //主机名称
enable secret 5 $1$mERr$SI6kKbhlkuiS3Lv8zc1kp1    //特权模式密码，密文形式
//特权模式密码，明文形式，已经被 service password-encrytion 加密
enable password 7 0822455D0A16
spanning-tree mode pvst
interface FastEthernet0/1
…                                     //物理接口部分无配置，略去显示信息
interface FastEthernet0/24
!
interface Vlan1
ip address 192.168.1.1 255.255.255.0   //VLAN1 接口 IP 地址
!
ip default-gateway 192.168.1.254       //交换机默认网关
!
line con 0                             //Console 接口
//配置的密码生效，已经被 service password-encryption 命令加密存储
password 7 0822455D0A16
…
```

❖ 知识链接

在默认情况下，交换机中预先配置了一个 VLAN（名称为 VLAN 1），用于访问管理功能。

所有交换机都支持半双工模式或全双工模式。

当接口处于半双工模式时，在任意指定的时间内，它只能发送或接收数据，两者不能同时进行。当接口处于全双工模式时，它能够同时发送和接收数据，吞吐量为半双工模式下的 2 倍。

接口及其所连接的设备必须设置为相同的双工模式。如果设置不相同，则会造成双工模式不匹配的情况，从而产生大量的冲突，降低通信质量。

交换机接口的速度和双工模式可以手动设置，也可以自动协商。自动协商允许交换机自动检测与接口连接的设备的速度和双工模式。许多 Cisco 交换机上都默认启用自动协商。

如果想要使自动协商能够成功，则互连的两台设备必须同时支持该功能。如果交换机启用了自动协商，但是其所连接的设备不支持该功能，则交换机会使用所连接设备的速度（如 10Mbit/s、100Mbit/s 或 1000Mbit/s）并进入半双工模式。如果将没有启用自动协商的设备设置为全双工模式，则启用自动协商的交换机及与其所连接的设备默认进入半双工模式，这样可能会引发问题。

如果所连接的设备不支持自动协商，则可以在交换机上手动配置双工设置，使其与所连接设备的双工设置匹配。即使连接的接口不支持自动协商，速度参数也能够进行自动调整。

交换机的接口设置默认为 Auto-duplex（自动双工）和 Auto-speed（自动速度）。如果一台装有 100Mbit/s 网卡的计算机连接到该接口，则接口会自动进入全双工 100Mbit/s 模式。如果是一台集线器连接到该计算机接口，那么接口一般会进入半双工 10Mbit/s 模式。

❖ 任务小结

本活动讲述了交换机的命名方法，即在全局配置模式下使用 hostname 命令完成；特权密码分为明文和密文两种方式，密文方式更加安全；交换机的接口 IP 地址通过配置 VLAN 的 IP 地址进行设置；交换机的接口速度与双工模式默认为自动调整，命令由手动指定会避免协商中引发的问题。

活动 3　交换机的远程配置

在交换机配置了管理 IP 地址以后，在网络联通的情况下，可以使用远程进行带内管理，这样网络管理员可以远程管理交换机，使网络设备的管理更方便。

❖ 任务描述

海成公司在组建局域网时所购置的交换机已经完成了基本配置，现在全部接入网络并投入使用。为了方便对交换机进行维护和远程管理，现在需要配置其 Telnet 或 SSH 功能。

❖ 任务分析

Telnet 协议是 Cisco 交换机上支持 VTY 的默认协议。如果为 Cisco 交换机分配了管理 IP 地址，则可以使用 Telnet 客户端连接到交换机。但是 VTY 线路并不安全，因此可以为 VTY 线路配置密码身份验证来保护通过 VTY 线路对交换机的访问，这样可以提高 Telnet 服务的安全性。

SSH 提供与 Telnet 相同类型的访问，但是增加了安全性。SSH 客户端和 SSH 服务器之间的通信是加密的。

下面利用实验来介绍交换机远程配置的应用及配置方法，交换机远程配置的拓扑图如图 2.1.10 所示。

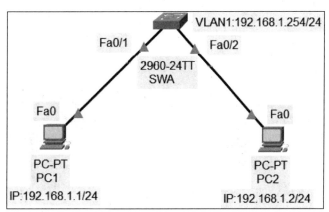

图 2.1.10　交换机远程配置的拓扑图

具体要求如下：

（1）添加一台型号为 2960-24TT 的交换机和两台计算机，将标签名分别更改为 SWA、PC1 和 PC2，并将交换机和计算机的名称分别设置为 SWA、PC1 和 PC2。

（2）SWA 的 Fa0/1 接口连接 PC1 的 Fa0 接口，SWA 的 Fa0/2 接口连接 PC2 的 Fa0 接口。

（3）根据如图 2.1.10 所示的拓扑图，连接好所有网络设备，并设置每台计算机的 IP 地址和子网掩码。

（4）在 SWA 上，在 vty 0～4 线路配置 Telnet 远程管理，使用 PC1 对其进行验证；在 vty 5～15 线路配置 SSH 远程管理，使用 PC2 对其进行验证。

❖ 任务实施

1. 配置通过 Telnet 登录交换机

步骤 1：配置交换机的主机名称和管理 IP 地址。

```
Switch>enable
Switch#config t
Switch(config)#hostname SWA
SWA(config)#in vlan 1
SWA(config-if)#ip add 192.168.1.254 255.255.255.0
SWA(config-if)#no shutdown
SWA(config-if)#end
SWA#
```

步骤 2：设置特权模式密码。

```
SWA(config)#enable secret 123456      //设置特权模式密码
SWA(config)#
```

步骤 3：配置 Telnet 登录的用户名和密码。在默认情况下，交换机已经开启了 Telnet 管理方式，但是不允许远程登录，因此还需要进行如下配置：

```
SWA#
SWA#conf t
SWA(config)#username admin password cisco     //配置用户名和密码
SWA(config)#line vty 0 4                       //进入虚拟终端0～4线路模式
SWA(config-line)#login local                  //允许 Telnet 本地登录
SWA(config-line)#end
SWA#
```

步骤 4：设置 PC1 的 IP 地址。打开 PC1 的管理界面，在"桌面"选项卡中选择"IP 配置"选项，在弹出的"IP 配置"对话框中选中"静态"单选按钮，并设置 PC1 的 IP 地址为192.168.1.1，子网掩码为 255.255.255.0，如图 2.1.11 所示。

图 2.1.11　设置 PC1 的 IP 地址和子网掩码

小贴士

在此任务中，计算机与交换机直连，所以不需要配置默认网关。在实际应用中，网络管理员经常跨越三层设备远程管理交换机,所以计算机必须配置默认网关。二层交换机也相当于一台计算机,所以需要定义出入本地网络的边界设备——网关。

2. 配置通过 SSH 登录交换机

SSH 功能有 SSH 服务器和 SSH 集成客户端,后者是在交换机上运行的应用程序。可以使用计算机上运行的任意 SSH 客户端或交换机上运行的 Cisco SSH 客户端来连接运行 SSH 服务器的交换机。

对于服务器组件,交换机支持 SSHv1 协议或 SSHv2 协议。对于客户端组件,交换机只支持 SSHv1 协议。

步骤 1:配置交换机的域名。

```
SWA(config)#ip domain-name abc.com  //配置当前交换机所在的域名为abc.com
SWA(config)#
```

步骤 2:设置特权模式密码。

```
SWA(config)#line vty 5 15           //进入虚拟终端5~15线路模式
SWA(config-line)#login local        //配置要求本地登录
SWA(config-line)#exit
```

步骤 3:生成 RSA 密钥。在交换机上启用 SSH 服务器以进行本地和远程身份验证,然后使用 crypto key generate rsa 命令生成 RSA 密钥对。

```
SWA(config)#crypto key generate rsa
The name for the keys will be: SA.abc.com
Choose the size of the key modulus in the range of 360 to 2048 for your
 General Purpose Keys. Choosing a key modulus greater than 512 may take
a few minutes.

How many bits in the modulus [512]: 1024
% Generating 1024 bit RSA keys, keys will be non-exportable…[OK]
```

步骤 4:配置 SSH 服务器的版本。

在全局配置模式下,使用 ip ssh version [1 | 2]命令将交换机配置为运行 SSHv1 协议或 SSHv2 协议。

```
SWA(config)#ip ssh ver 2
SWA(config)#
```

小贴士

当生成 RSA 密钥时,系统提示用户输入模数长度。Cisco 建议使用 1024 位的模数长度。虽然模数长度越长越安全，但是生成和使用模数的时间也会越长。

如果想要阻止非 SSH 连接，则应在线路配置模式下添加 transport input ssh 命令，将交换机限制为仅允许 SSH 连接。直接（非 SSH）Telnet 连接将被拒绝。

```
SWA(config)#line vty 0 15
SWA(config-line)#transport input ssh    //限制只允许 SSH 登录
SWA(config-line)#end
SWA#
```

步骤 5：保存设置。

```
Router-A#write                          //保存配置
Saving current configuration…
OK!
```

步骤 6：设置 PC2 的 IP 地址。打开 PC2 的管理界面，在"桌面"选项卡中选择"IP 配置"选项，在弹出的"IP 配置"对话框中选中"静态"单选按钮，并设置 PC2 的 IP 地址为 192.168.1.2，子网掩码为 255.255.255.0，如图 2.1.12 所示。

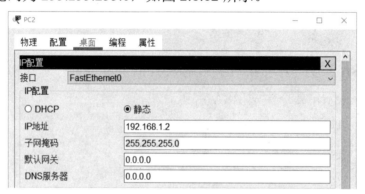

图 2.1.12　设置 PC2 的 IP 地址和子网掩码

❖ 任务验收

1. 测试交换机的 Telnet 服务

（1）测试 PC1 与交换机之间的连通性。

选择 PC1 管理界面中"桌面"选项卡中的"命令提示符"选项，在弹出的"命令行"对话框中使用 ping 命令进行测试。如图 2.1.13 所示，输入 ping 192.168.1.254 命令，然后按下 Enter 键。

（2）测试交换机的 Telnet 服务。

选择 PC1 管理界面中"桌面"选项卡中的"命令提示符"选项，在弹出的"命令行"对话框中输入 telnet 192.168.1.254 命令进行测试。执行效果如图 2.1.14 所示。

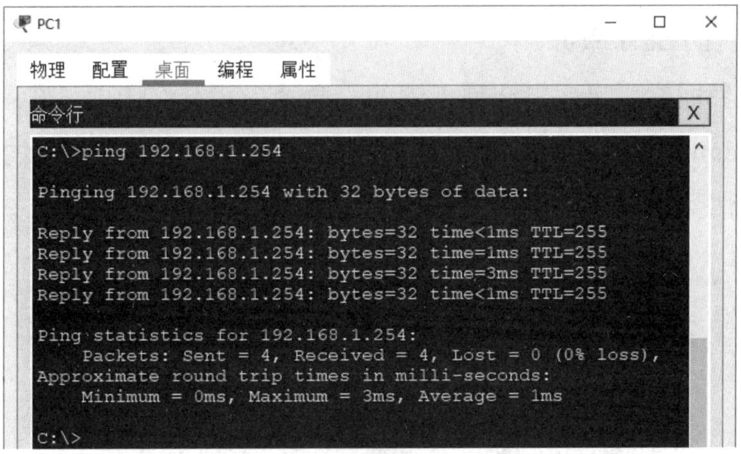

图 2.1.13　测试 PC1 与交换机之间的连通性

图 2.1.14　使用 Telnet 登录管理交换机

2．测试交换机的 SSH 服务

（1）测试 PC2 与交换机之间的连通性。

选择 PC2 管理界面中"桌面"选项卡中的"命令提示符"选项，在弹出的"命令行"对话框中使用 ping 命令进行测试。如图 2.1.15 所示，输入 ping 192.168.1.254 命令，然后按下 Enter 键。

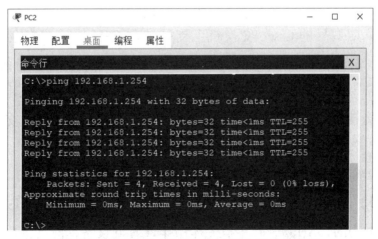

图 2.1.15　测试 PC2 与交换机之间的连通性

（2）测试交换机的 SSH 服务。

选择 PC2 管理界面中"桌面"选项卡中的"命令提示符"选项，在弹出的"命令行"对话框中输入 ssh -l admin 192.168.1.254 命令进行测试（在测试前需要先关掉交换机上的 Telnet 服务）。命令执行结果如图 2.1.16 所示。

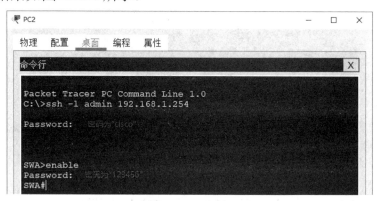

图 2.1.16 使用 SSH 登录管理交换机

❖ 知识链接

远程访问 Cisco 交换机上的 VTY 接口有两种选择：Telnet 协议与 SSH 协议。老式交换机可能不支持使用 SSH 协议的安全通信。

Telnet 协议起源于 ARPANet，是最古老的 Internet 应用之一。Telnet 协议给用户提供了一种通过网络上的终端远程登录服务器的方式。

Telnet 使用 TCP 协议作为传输层协议，使用的接口号为 23，Telnet 协议采用客户端/服务器模式。当用户通过 Telnet 登录远程计算机时，实际上启用了两个程序：一个是 Telnet 客户端程序，它运行在本地计算机上；另一个是 Telnet 服务器程序，它运行在要登录的远程设备上。因此，在远程登录过程中，用户的本地计算机是一个客户端，而提供服务的远程计算机则是一台服务器。

Telnet 协议是早期型号的 Cisco 交换机上支持使用 SSH 协议的安全通信的最初方法。Telnet 协议是用于终端访问的常用协议，这是因为大部分最新的操作系统都附带内置的 Telnet 客户端。但是 Telnet 协议不是访问网络设备的安全方法，因为它在网络上是以明文形式发送所有通信的。攻击者使用网络监视软件可以读取 Telnet 客户端和 Cisco 交换机的 Telnet 服务器之间发送的每个字符。由于 Telnet 协议存在安全性问题，因此 SSH 协议成为用于远程访问 Cisco 设备虚拟终端线路的首选协议。

SSH 协议提供与 Telnet 协议相同类型的访问，但是增加了安全性。SSH 客户端和 SSH 服务器之间的通信是加密的。SSH 协议已经有多个版本，Cisco 设备目前支持 SSHv1 协议和 SSHv2 协议。建议尽可能实施 SSHv2 协议，因为它使用了比 SSHv1 协议更强的安全加密算法。

SSH 是 Secure Shell（安全外壳）的缩写，标准协议端口号为 22。SSH 协议是一种网络安全协议，通过对网络数据的加密，在一个不安全的网络环境中提供了安全的远程登录和其他安全网络服务，解决了远程 Telnet 的安全性问题。SSH 通过 TCP 协议进行数据交互，它在 TCP 协议之上构建了一个安全的通道。另外，除了支持标准端口 22，SSH 协议还支持其他服务端口，以提高安全性，防止受到非法攻击。

❖ **任务小结**

本活动讲述了交换机的 Telnet 和 SSH 协议的基本配置，需要注意的是，交换机进行 Telnet 连接的前提条件是需要配置 IP 地址使网络联通。访问交换机 VTY 接口有两种选择：Telnet 协议和 SSH 协议，但是由于 Telnet 协议采用明文形式传送信息，不够安全，而 SSH 协议使用密钥加密后传送信息，因此 SSH 协议是推荐使用的带内管理方式。

任务 2　交换机的 VLAN 配置

VLAN 技术在局域网互联时得到了广泛推广和应用。VLAN 是指一个在物理网络上根据用途、工作组、应用等进行逻辑划分的局域网络，它是一个广播域，与用户的物理位置没有关系。VLAN 中的网络用户是通过 LAN 交换机来通信的，一个 VLAN 中的成员看不到另一个 VLAN 中的成员。

因此，划分 VLAN 不仅能有效地控制网络广播风暴，提高网络的安全可靠性，也是进行网络监控、数据流量控制的有效手段，还能实现不同地理位置的部门之间的局域网通信，有效地节省了构建网络时所需网络设备的费用。

本任务将分成以下 3 个活动展开介绍。

活动 1　交换机 VLAN 的划分

活动 2　交换机之间相同 VLAN 的通信

活动 3　三层交换机实现 VLAN 之间的通信

活动 1　交换机 VLAN 的划分

逻辑上把网络资源和网络用户按照一定的原则进行划分，把一个物理上实际的网络划分成多个小的逻辑网络，这些小的逻辑网络就是 VLAN。在接入层交换机上划分 VLAN，可以使一台交换机划分多个 VLAN，从而保证各部门之间的安全通信。

❖ **任务描述**

海成公司的局域网已经搭建完成，为了提高网络的性能和服务质量，现在需要财务部、工程部和技术部使用不同的网段，从而使其相互隔离。

❖ **任务分析**

为了保证 3 个部门的相对独立性，需要划分对应的 VLAN，使交换机的某些接口属于财务部、某些接口属于工程部和某些接口属于技术部，这样就能保证它们之间的数据互不干扰，也不影响各自的通信效率。

下面使用一个实验来验证交换机 VLAN 的功能，交换机 VLAN 的划分的拓扑图如图 2.2.1 所示。

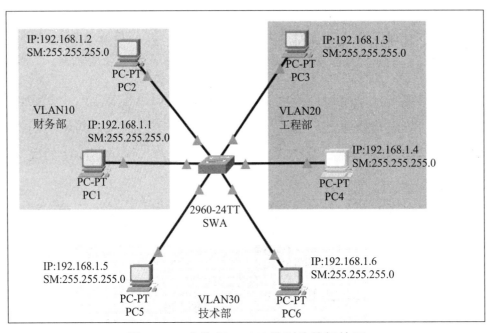

图 2.2.1　交换机 VLAN 的划分的拓扑图

具体要求如下：

（1）添加六台计算机，并将标签名分别更改为 PC1～PC6。

（2）添加一台型号为 2960-24TT 的二层交换机，并将标签名设置为 SWA。

（3）交换机 VLAN 的划分及接口分配情况如表 2.2.1 所示。

（4）根据如图 2.2.1 所示的拓扑图连接好所有网络设备，并为每台计算机设置好相应的 IP 地址和子网掩码。

表 2.2.1   交换机 VLAN 的划分及接口分配情况

VLAN 编号	VLAN 名称	接 口 范 围	连接的计算机
10	Finance	Fa0/1～Fa0/2	PC1、PC2
20	Engineer	Fa0/3～Fa0/4	PC3、PC4
30	Technical	Fa0/5～Fa0/6	PC5、PC6

（5）验证是否接入相同 VLAN 中的计算机能互相通信，而接入不同 VLAN 中的计算机则不能互相通信。

> **小贴士**
>
> 二层交换机的同一 VLAN 中的接口能够互相通信，而不同 VLAN 中的接口则不能互相通信。二层交换机不具备路由功能。
>
> 而在三层交换机中，不同 VLAN 中的接口能够互相通信，这是因为三层交换机具备路由功能。

❖ 任务实施

步骤 1：由于分配给每台计算机的 IP 地址都是 192.168.1.0/24 网段的 IP 地址，6 台计算机默认都在 VLAN1 中，因此所有计算机之间都是互相连通的。这里以测试 PC1 与 PC3 之间的连通性为例，如图 2.2.2 所示。

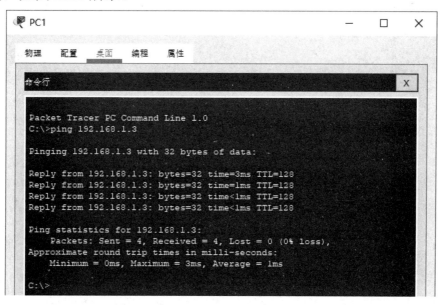

图 2.2.2   在划分 VLAN 前测试 PC1 与 PC3 之间的连通性

步骤 2：创建 VLAN。在交换机上创建 VLAN10、VLAN20 和 VLAN30，并将 Fa0/1 和 Fa0/2 接口放入 VLAN10 中，将 Fa0/3 和 Fa0/4 接口放入 VLAN20 中，将 Fa0/5 和 Fa0/6 接口放入 VLAN30 中。

```
Switch>en
Switch#conf t
Switch(config)#vlan 10                      //创建 VLAN10
Switch(config-vlan)#name Finance            //将 VLAN10 命名为 Finance
Switch(config-vlan)#exit                    //返回全局配置模式
Switch(config)#vlan 20                      //创建 VLAN20
Switch(config-vlan)#name Engineer           //将 VLAN20 命名为 Engineer
Switch(config-vlan)#exit                    //返回全局配置模式
Switch(config)#vlan 30                      //创建 VLAN30
Switch(config-vlan)#name Technical          //将 VLAN30 命名为 Technical
Switch(config-vlan)#end                     //返回特权模式
Switch#
```

步骤 3：分配 VLAN 接口。刚创建好的 VLAN 是不包含任何接口的。

```
Switch(config)#interface fa0/1                         //进入 Fa0/1 接口
//将接口模式改为接入模式，因为是默认接入模式，所以此条命令也可以省略
Switch(config-if)#switchport mode access
Switch(config-if)#switchport access vlan 10           //把接口加入 VLAN10 中
Switch(config-if)#exit
Switch(config)#interface fa0/2                         //进入 Fa0/2 接口
Switch(config-if)#switchport mode access              //将接口模式设置为接入模式
Switch(config-if)#switchport access vlan 10           //把接口加入 VLAN10 中
Switch(config-if)#exit
Switch(config)#interface range fa0/3-4                //进入接口组 Fa0/3 和 Fa0/4
Switch(config-if-range)#switchport mode access        //将接口模式设置为接入模式
Switch(config-if-range)#switchport access vlan 20     //把接口加入 VLAN20 中
Switch(config-if)#exit
Switch(config)#interface range fa0/5-6                //进入接口组 Fa0/5 和 Fa0/6
Switch(config-if-range)#switchport mode access        //将接口模式设置为接入模式
Switch(config-if-range)#switchport access vlan 20     //把接口加入 VLAN30 中
Switch(config-if-range)#end
Switch#
```

步骤 4：查看 VLAN。可以在特权模式下，通过 show vlan 命令来查看接口的分配情况。

```
Switch#show vlan

VLAN  Name                        Status     Ports
----  --------------------------  --------   ----------------------------

1     default                     active     Fa0/7, Fa0/8, Fa0/9, Fa0/10
```

```
                                   Fa0/11, Fa0/12, Fa0/13, Fa0/14
                                   Fa0/15, Fa0/16, Fa0/17, Fa0/18
                                   Fa0/19, Fa0/20, Fa0/21, Fa0/22
                                   Fa0/23, Fa0/24, G0/1, G0/2
10     Finance          active     Fa0/1, Fa0/2
20     Engineer         active     Fa0/3, Fa0/4
30     Technical        active     Fa0/5, Fa0/6
1002   fddi-default     active
1003   token-ring-default active
1004   fddinet-default  active
1005   trnet-default    active
Switch#
```

小贴士

VLAN 操作命令有如下几个。

创建 VLAN：vlan [vlan id]（如 vlan10）。

删除 VLAN：no vlan [vlan id]（如 no vlan10）。

除了用户创建的 VLAN，还有系统自带的 VLAN，如 VLAN1、VLAN1001～VLAN1005，这些 VLAN 是无法删除的。

在默认情况下，交换机的所有接口都属于 VLAN1，如果需要将接口添加到其他 VLAN 中，则需要使用 switchport access vlan<id>命令将接口显式地添加到其他 VLAN 中。

分组添加的方法：连续的接口使用 range 包括，不连续的接口使用逗号隔开，格式如下：

```
//进入接口组
Switch(config)#interface range fastEthernet 0/3 - 6,fastethernet 0/10
Switch(config-if-range)#switchport access vlan 20
```

在删除一个 VLAN 后，VLAN 中的接口无法访问，接口也不能自动加入 VLAN1 中，除非手动把这些接口添加到其他 VLAN 中。

❖ **任务验收**

在 PC1 上 ping PC2 的 IP 地址 192.168.1.2，网络是连通的，说明相同 VLAN 中的计算机能够互相通信；而在 PC1 上 ping PC3 的 IP 地址 192.168.1.13，网络是不通的，说明不同 VLAN 中的计算机不能互相通信，如图 2.2.3 所示。

图 2.2.3 连通性测试结果

❖ 知识链接

交换机与广播域

交换机可以根据帧中的目的 MAC 地址，将消息流从一个接口转发到另一个接口。交换机根据 MAC 地址来传送流量。每台交换机都在被称为内容可寻址存储器（CAM）的高速内存中维护着一张 MAC 地址表。每次启动交换机时，它都会使用传入帧的源 MAC 地址，以及该帧进入交换机时所使用的接口号来重新创建 MAC 地址表。例如，在如图 2.2.4 所示的交换机网络拓扑图中，交换机创建的 MAC 地址表如表 2.2.2 所示。

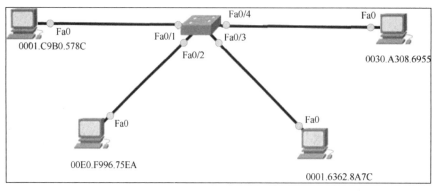

图 2.2.4 交换机网络拓扑图

表 2.2.2 交换机创建的 MAC 地址表

接　　口	Fa0/1	Fa0/2	Fa0/3	Fa0/4
对应 MAC 地址	0001.C9B0.578C	00E0.F996.75EA	0001.6362.8A7C	0030.A30B.6955

当单播帧进入接口时，交换机首先会找出该帧内的源 MAC 地址，然后在 MAC 地址表中搜索与该 MAC 地址匹配的条目。如果源 MAC 地址尚未存于表中，则交换机会将该 MAC 地址和接口号添加到表中，并设置老化计时器。如果源 MAC 地址已经存于表中，则交换机会重置其老化计时器。

然后，交换机会在表中查找目的 MAC 地址。如果能找到，则交换机将帧从相应的接口转发出去。如果找不到，则交换机会向每个活动接口泛洪该帧，但是接收该帧的接口除外。

如果收到广播帧，则交换机会像收到未知目的 MAC 地址时一样，将其泛洪到所有活动接口。所有收到该广播的设备便构成了广播域。相连接的交换机越多，则广播域的规模就越大。

VLAN 技术实现了广播域的划分，使广播不会在不同 VLAN 之间转发。

在交换机上可以使用 show mac-address-table 命令来查看 MAC 地址表，本活动中划分了 3 个 VLAN，查看到的 MAC 地址表如图 2.2.5 所示。

```
Switch#show mac-address-table
          MAC Address Table
------------------------------------------

VLAN     MAC Address        Type         Ports
----     -----------        --------     -----

10       0004.9a35.bab3     DYNAMIC      Fa0/1

10       00d0.bc87.89d0     DYNAMIC      Fa0/2

20       0030.a3c6.a531     DYNAMIC      Fa0/6

20       00e0.a366.46bd     DYNAMIC      Fa0/7

30       0007.ecbc.8c98     DYNAMIC      Fa0/12

30       0030.a3d1.1848     DYNAMIC      Fa0/11
```

图 2.2.5 查看到的 MAC 地址表

❖ **任务小结**

本活动介绍了在一台交换机上如何划分 VLAN，所有计算机设置了同一个网段的 IP 地址，只有相同 VLAN 中的计算机能够互相通信，而不同 VLAN 中的计算机不能互相通信。通过 VLAN 的划分，可以实现广播域的控制。

活动 2　交换机之间相同 VLAN 的通信

在同一台交换机上的相同 VLAN 内的计算机可以通信，而不同 VLAN 内的计算机被隔离而无法通信。但是随着网络规模的增大或受地域范围的限制，相同 VLAN 内的用户可能跨接在不同的交换机上，因此需要配置跨交换机链路实现交换机之间相同 VLAN 的通信。

❖ 任务描述

海成公司有财务部、市场部等部门，其中在不同楼层内都有财务部和市场部的员工的计算机。为了使公司的管理更加安全与便捷，公司的领导想让网络管理员组建公司局域网，使各个部门内部的计算机之间可以通信，但是基于安全性的考虑，禁止不同部门的计算机之间互相访问。

❖ 任务分析

通过划分 VLAN 使得财务部和市场部的计算机之间不可以自由访问，但是部门内的计算机分布在不同楼层的交换机上，又要求可以互相访问，这就需要使用 802.1Q 协议来进行跨交换机的相同部门内的计算机之间的访问，即在两台交换机之间开启 Trunk 进行通信。

下面通过实验来验证和实现交换机之间相同 VLAN 中的计算机能够互相通信，交换机之间相同 VLAN 的通信的拓扑图如图 2.2.6 所示。

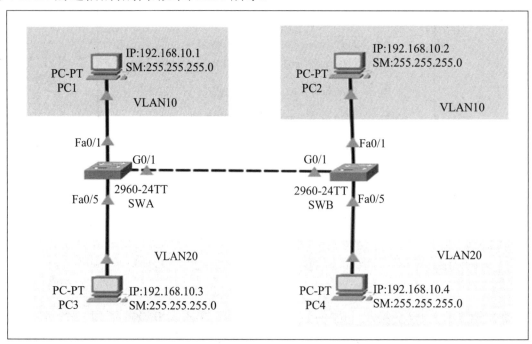

图 2.2.6　交换机之间相同 VLAN 的通信的拓扑图

具体要求如下：

（1）添加四台计算机，并将标签名分别更改为 PC1、PC2、PC3 和 PC4。

（2）添加两台型号为 2960-24TT 的交换机，将标签名分别设置为 SWA 和 SWB，并将交换机的名称分别设置为 SWA 和 SWB。

（3）PC1 连接 SWA 的 Fa0/1 接口，PC3 连接 SWA 的 Fa0/5 接口，PC2 连接 SWB 的 Fa0/1 接口，PC4 连接 SWB 的 Fa0/5 接口，两台交换机通过各自的 G0/1 接口互连。

（4）根据如图 2.2.6 所示的拓扑图连接好所有网络设备，并设置每台计算机的 IP 地址和子网掩码。

（5）在 SWA 和 SWB 上分别划分两个 VLAN（VLAN10 和 VLAN20），则两台交换机 VLAN 的划分和接口分配情况如表 2.2.3 所示。

表 2.2.3　两台交换机 VLAN 的划分和接口分配情况

VLAN 编号	VLAN 名称	接口范围
10	Finance	Fa0/1～Fa0/4
20	Market	Fa0/5～Fa0/8
Trunk 接口		G0/1

（6）实现 PC1 与 PC2 之间能够互相通信，PC3 与 PC4 之间能够互相通信，其他组合不能互相通信。

❖ **任务实施**

步骤 1：创建 VLAN 及接口分配。

对两台交换机进行相同的 VLAN 划分，下面是 SWA 的配置过程，同理可以实现 SWB 的配置。

```
Switch>enable
Switch#conf t
switch(config)#hostname SWA                          //把交换机命名为 SWA
SWA(config)#vlan 10                                  //创建 VLAN10
SWA(config-vlan)#name Finance                        //把 VLAN10 命名为 Finance
SWA(config-vlan)#exit
SWA(config)#vlan 20                                  //创建 VLAN20
SWA(config-vlan)#name Market                         //把 VLAN20 命名为 Market
SWA(config-vlan)#exit
SWA(config)#interface range fa0/1-4                  //进入接口组 Fa0/1～Fa0/4
SWA(config-if-range)#switchport access vlan 10       //把接口加入 VLAN10 中
```

```
SWA(config-if-range)#exit
SWA(config)#interface range fa0/5-8          //进入接口组 F0/5～Fa0/8
SWA(config-if-range)#switchport access vlan 20   //把接口加入 VLAN20 中
SWA(config-if-range)#end
SWA#
```

在两台交换机都按照上面的命令配置完成后，再测试一下可以发现，现在四台计算机之间都不能互相通信了。查找一下原因，发现交换机是通过 G0/1 接口进行相连的，而 G0/1 接口并不在 VLAN10 和 VLAN20 中。可以尝试把计算机与交换机互连的接口改为 Fa0/2（VLAN10 的接口），再测试时可以发现 PC1 和 PC2 之间可以互相访问了，而 PC3 和 PC4 之间仍然不能互相访问。同样地，把计算机与交换机互连的接口改为 VLAN20 的接口，则情况正好相反。

步骤 2：配置 SWA 和 SWB 的 G0/1 接口为 Trunk 接口。

想要解决上述难题，仍然采用 G0/1 接口相连两台交换机，可以将 G0/1 接口设置为 Trunk 类型。因为 Trunk 类型的接口可以允许单个、多个或交换机上划分的所有 VLAN 通过它进行通信。在默认情况下，Trunk 接口允许所有 VLAN 通过。

（1）在 SWA 上的设置方法如下：

```
SWA>ena
SWA#config t
SWA(config)#interface gigabitEthernet 0/1
SWA(config-if)#switchport mode trunk
SWA(config-if)#switchport trunk allowed vlan ?    //查看命令参数
    WORD                    //允许通过的 VLAN 的名称
    add                     //创建允许通过的 VLAN 列表
    all                     //允许所有 VLAN 通过
    except                  //允许除去某个 VLAN 后的所有 VLAN 通过
    none                    //不允许任何 VLAN 通过
    remove                  //从列表中删除某个已经允许通过的 VLAN 的名称
SWA(config-if)#switchport trunk allowed vlan all //允许所有 VLAN 通过
SWA(config-if)#
```

（2）在 SWB 上的设置方法如下：

```
SWB#conf t
SWB(config)#int g0/1
SWB(config-if)#switchport mode trunk
SWB(config-if)#
```

（3）在特权模式下，利用 show vlan 命令查看接口的分配情况将发现，G0/1 接口不出现在任何一个 VLAN 中了。

```
SWA#show vlan
VLAN   Name                         Status     Ports
----   --------------------------   --------   -------------------------
1      default                      active     Fa0/9, Fa0/10, Fa0/11, Fa0/12
                                               Fa0/13, Fa0/14, Fa0/15, Fa0/16
                                               Fa0/17, Fa0/18, Fa0/19, Fa0/20
                                               Fa0/21, Fa0/22, Fa0/23, Fa0/24
                                               G0/2
10     Finance                      active     Fa0/1, Fa0/2, Fa0/3, Fa0/4
20     Market                       active     Fa0/5, Fa0/6, Fa0/7, Fa0/8
SWA#
```

步骤 3：查看 SWA 配置的 Trunk 类型。

```
SWA#show int g0/1 switchport
Name: G0/1
Switchport: Enabled
Administrative Mode: trunk
Operational Mode: trunk                    //已经是 Trunk 模式
Administrative Trunking Encapsulation: dot1Q
Operational Trunking Encapsulation: dot1Q
…                                          //此处省略部分内容
Operational private-vlan: none
Trunking VLANs Enabled: ALL                //允许所有 VLAN 通过
Pruning VLANs Enabled: 2-1001
Capture Mode Disabled
Capture VLANs Allowed: ALL
Protected: false
Appliance trust: none
SWA#
```

至此，本实验配置完成。虽然在利用 show vlan 命令查看接口的分配情况时，G0/1 接口并不显示在任何一个 VLAN 中，但是这时两台交换机中的相同 VLAN 中的计算机之间已经可以互相通信了。

❖ **任务验收**

在 PC1 上 ping PC2 的 IP 地址 192.168.10.2，网络是连通的，则表明交换机之前的 Trunk 链路已经成功建立；在 PC1 上 ping PC3 的 IP 地址 192.168.10.3，网络不通，则表明不同 VLAN 之间无法通信，如图 2.2.7 所示。

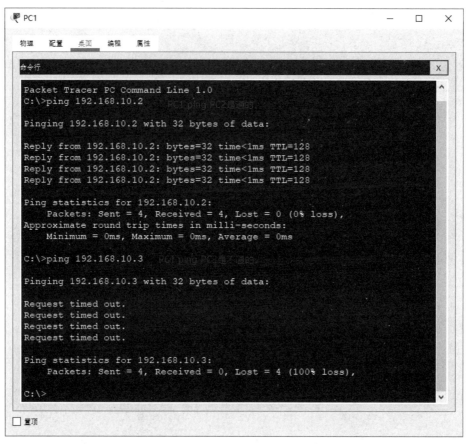

图 2.2.7　验证交换机之间相同 VLAN 的通信

❖ 知识链接

　　Cisco 交换机的接口状态有 3 种模式：Access、Trunk 和 Auto，分别对应接入模式、中继模式和自动协商模式，默认为 Auto 模式。如果某个接口连接计算机，则应该配置为 Access模式，即将接口分配给某个 VLAN。如果交换机接口连接的是另一台交换机，而且存在多个VLAN 需要跨交换机进行通信，则此接口需要承载多个 VLAN 的数据，应设置为 Trunk 模式。当某接口连接 Cisco 交换机时，如果接口处于 Auto 模式，则会让链路与接口成为自动协商状态。活动 2 的实验中两台 Cisco 交换机互连，当一端配置为 Trunk 模式后，另一端默认为 Auto模式，则协商后自动转换为 Trunk 模式，所以不需要手动配置。如果 Cisco 交换机与非 Cisco交换机互连，则不能自动协商，需要在两端手动配置为 Trunk 模式。

　　如果想要将某台交换机的接口从 VLAN10 中删除，并将接口重新分配给 VLAN1，则可以在接口配置模式下使用 no switchport access vlan 命令。

　　静态接入接口只能拥有一个 VLAN。通过使用 Cisco IOS，不需要将接口从 VLAN 中删除，即可将其分配给其他 VLAN。当将静态接入接口重新分配给现有的 VLAN 时，该 VLAN会自动从原来的接口上删除。

也可以在特权模式下使用 delete flash:vlan.dat 命令来删除整个 vlan.dat 文件。在交换机重新加载后，先前配置的 VLAN 将不存在。这种方法能有效地将交换机的 VLAN 配置还原为"出厂默认设置"。

在删除 VLAN 前，务必将所有成员接口重新分配给其他 VLAN。在删除 VLAN 后，任何未转移到活动 VLAN 的接口都将无法与其他站点进行通信。

❖ 任务小结

本活动介绍了当在一个网络上存在两台或两台以上的交换机互连，并且交换机都进行了相同的 VLAN 配置时，设置交换机相连的接口为 Trunk 类型，并允许相应的 VLAN 通过，可以实现交换机之间相同 VLAN 中的计算机的互相通信。

活动 3　三层交换机实现 VLAN 之间的通信

三层交换机就是指内置了路由功能的交换机，在转发数据帧的同时，还可以在不同网段之间转发数据包。在交换式局域网中，三层交换机可以配置多个虚拟 VLAN 接口（SVI）作为 VLAN 内计算机的网关，同时转发数据包，以实现不同 VLAN 之间的通信。

❖ 任务描述

由于业务的需要，海成公司内部办公系统需要控制不同业务部门的计算机之间的访问。公司准备使用一台 Cisco Catalyst 3560 交换机作为路由设备来实现不同业务部门的计算机之间的互相访问需求。

❖ 任务分析

将不同业务部门划分到不同 VLAN 中，可以使管理更为合理、安全，但是有时又需要不同业务部门的计算机之间能够互相通信，这可以通过三层交换机来实现。

下面通过实验来验证和实现三层交换机实现 VLAN 之间的计算机能够互相通信，三层交换机实现 VLAN 之间的通信的拓扑图如图 2.2.8 所示。

具体要求如下：

（1）添加两台计算机，并将标签名分别更改为 PC1 和 PC2。

（2）添加一台型号为 3650-24PS 的三层交换机，并添加 AC-POWER-SUPPLY 电源模块，用于为设备供电。

（3）将型号为 3650-24PS 的三层交换机的标签名更改为 SWA。

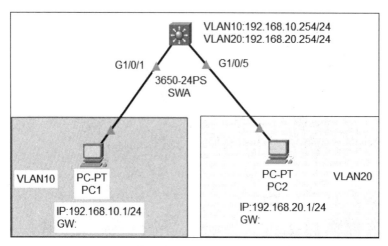

图 2.2.8　三层交换机实现 VLAN 之间的通信的拓扑图

（4）PC1 连接 SWA 的 G1/0/1 接口，PC2 连接 SWA 的 G1/0/5 接口。

（5）在 SWA 上划分两个 VLAN（VLAN10 和 VLAN20），详细参数如表 2.2.4 所示。

表 2.2.4　SWA 的 VLAN 参数

VLAN 编号	接 口 范 围	IP 地址/子网掩码
10	G1/0/1～G1/0/4	192.168.10.254/24
20	G1/0/5～G1/0/8	192.168.20.254/24

（6）根据如图 2.2.8 所示的拓扑图连接好所有网络设备，并设置每台计算机的 IP 地址和子网掩码，网关（GW）预留。

（7）开启 SWA 的路由功能。

❖ **任务实施**

如果想要实现 2 台计算机之间都能通信，且不借助其他设备，就要在交换机上划分不同网络的广播域，即划分 VLAN，并开启三层交换机的路由功能，从而实现不同 VLAN 之间及不同网络之间的路由转发、寻址功能。

步骤 1：在三层交换机上设置主机名称、创建 VLAN 并添加接口。

```
Switch>en
Switch#conf t
Switch(config)#hostname SWA
SWA(config)#vlan 10
SWA(config-vlan)#exit
SWA(config)#vlan 20
SWA(config-vlan)#exit
SWA(config)#int range g1/0/1-4
SWA(config-if-range)#switchport access vlan 10
```

```
SWA(config-if-range)#exit
SWA(config-if-range)#in range g1/0/5-8
SWA(config-if-range)#switchport access vlan 20
SWA(config-if-range)#exit
SWA(config)#
```

步骤 2：在 SWA 上配置 VLAN10 和 VLAN20 的 IP 地址。

```
SWA(config)#int vlan 10                              //进入 VLAN10 接口
SWA(config-if)#ip add 192.168.10.254 255.255.255.0  //给 VLAN10 配置 IP 地址
SWA(config-if)#no shutdown                           //打开 VLAN10 接口
SWA(config-if)#exit
SWA(config)#int vlan 20
SWA(config-if)#ip add 192.168.20.254 255.255.255.0  //给 VLAN20 配置 IP 地址
SWA(config-if)#no shutdown
SWA(config-if)#exit
SWA(config)#
```

步骤 3：开启三层交换机的路由功能。

```
SWA(config)#ip routing                 //开启三层交换机的路由功能
SWA(config)#exit
SWA#
```

步骤 4：设置计算机的网关，实现不同 VLAN 之间的通信。

计算机之间在要实现跨网络连接时，必须通过网关进行路由转发，所以想要实现交换机 VLAN 之间的路由，还需要为每台计算机配置网关。

在设置计算机的网关时，应该选择该计算机的上连设备的 IP 地址，也可以称为下一跳地址。对于本实验的拓扑图，PC1 的上连设备为 SWA 的 VLAN10，而 VLAN10 的接口 IP 地址为 192.168.10.254，那么 VLAN10 的接口 IP 地址为 PC1 的下一跳地址。因此，PC1 的网关应设置为 192.168.10.254。同理，PC2 的网关为 VLAN20 的接口 IP 地址，即 192.168.20.254。

可以在计算机管理界面的"桌面"选项卡中的"IP 配置"对话框中完成网关的配置。图 2.2.9 所示为设置 PC1 的默认网关。

❖ **任务验收**

1. 验证 SWA 的配置

```
SWA#show ip route
Codes: C - connected, S - static, I - IGRP, R - RIP, M - mobile, B - BGP
D - EIGRP, EX - EIGRP external, O - OSPF, IA - OSPF inter area
N1 - OSPF NSSA external type 1, N2 - OSPF NSSA external type 2
```

```
E1 - OSPF external type 1, E2 - OSPF external type 2, E - EGP
i - IS-IS, L1 - IS-IS level-1, L2 - IS-IS level-2, ia - IS-IS inter area
* - candidate default, U - per-user static route, o - ODR
P - periodic downloaded static route

Gateway of last resort is not set

C 192.168.10.0/24 is directly connected, Vlan10   //VLAN10 的直连路由
C 192.168.20.0/24 is directly connected, Vlan20   //VLAN20 的直连路由
SWA#
```

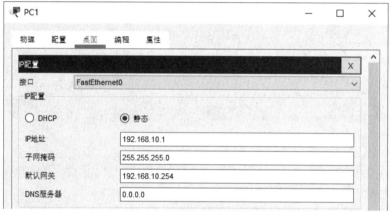

图 2.2.9　设置 PC1 的默认网关

2．测试计算机之间的连通性

在 PC1 上选择"桌面"选项卡中的"命令提示符"选项，在弹出的"命令行"对话框中使用 ping 命令去测试 PC1 与 PC2 之间的连通性。图 2.2.10 所示为在 PC1 上测试其与 PC2 之间的连通性的结果。

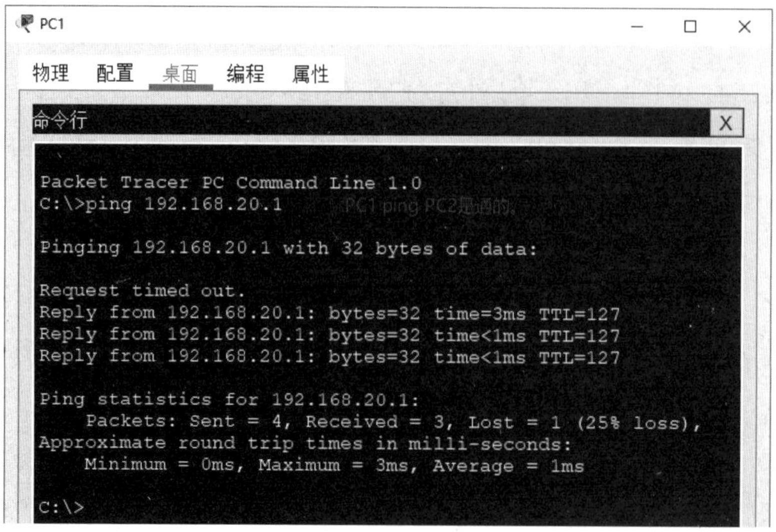

图 2.2.10　计算机之间的连通性的测试结果

❖ 知识链接

三层交换技术就是二层交换技术+三层转发技术。传统的交换技术是在 OSI 网络标准模型中的第二层（数据链路层）进行操作的，而三层交换技术是在网络模型中的第三层实现数据包的高速转发。应用三层交换技术既可以实现网络路由功能，又可以根据不同的网络状况做到最优的网络性能。

三层交换机也具有路由功能，并且与传统路由器的路由功能从总体上来说是一致的。虽然如此，三层交换机与路由器还是存在相当大的本质区别的。

VLAN 将一个物理的 LAN 在逻辑上划分成多个广播域。相同 VLAN 中的计算机之间可以直接互相通信，而不同 VLAN 中的计算机之间不能直接互相通信。

在现实网络中，经常会遇到需要跨 VLAN 互相访问的情况，工程师通常会选择一些方法来实现不同 VLAN 中的计算机之间的互相访问，如单臂路由。但是由于单臂路由技术在带宽、转发效率等方面存在一些局限性，因此这项技术应用较少。

三层交换机在原有二层交换机的基础之上增加了路由功能，同时由于数据没有像单臂路由那样经过物理线路进行路由，因此很好地解决了带宽瓶颈的问题，为网络设计提供了一个灵活的解决方案。

在实际应用中，三层交换机经常上连路由器等出口设备，可以把上连接口启用三层路由功能，配置 IP 地址，参与路由。

当三层交换机物理接口配置 IP 地址时，需要在接口配置模式下先启用三层路由功能，才可以配置 IP 地址，命令如下：

```
Switch(config)#interface f0/24
Switch(config-if)#no switchport
Switch(config-if)#ip address 10.0.0.1 255.255.255.0
Switch(config-if)#no shutdown
Switch(config-if)#end
Switch#
```

❖ 任务小结

本活动介绍了如何在三层交换机上实现不同业务部门的计算机之间的互相通信，在二层交换机配置 VLAN 后，只能实现相同 VLAN 内的通信，而如果想要实现 VLAN 之间的通信，则必须借助三层设备（三层交换机或路由器）。路由器实现 VLAN 之间的通信，将在后面的项目中进行介绍。

任务 3 | 交换机的常用技术配置

交换机在现代高速网络中应用非常广泛，相关的应用除了常用的 VLAN 技术，还包括链路聚合技术、VTP 技术、STP 技术、DHCP 技术和 HSRP 技术等。本任务重点介绍交换机的 5 种常用技术，因此设计了 5 个活动来展开介绍。

活动 1　交换机的链路聚合技术

活动 2　交换机的 VTP 技术

活动 3　交换机的 STP 技术

活动 4　交换机的 DHCP 技术

活动 5　交换机的 HSRP 技术

活动 1　交换机的链路聚合技术

链路聚合又称端口聚合，是指两台交换机之间在物理上将两个或多个端口连接起来，使多条链路聚合成一条逻辑链路，从而增大链路带宽，多条物理链路之间能够互相冗余备份。

❖ 任务描述

海成公司的局域网已经投入使用，在功能上完全可以满足公司办公和业务需求。但是有时会出现上网高峰期访问服务器或外部网络时速度降低，影响办公效率的情况。网络管理员需要想办法增加交换机之间的链路带宽。

❖ 任务分析

链路聚合技术可以将交换机与核心交换机之间的多个接口并行连接，使多条链路聚合成一条逻辑链路，从而增加链路带宽，解决交换网络中因带宽引起的网络瓶颈问题，其中任意一条链路断开，都不会影响其他链路正常转发数据。

下面利用两台交换机搭建网络实验环境，以验证交换机的链路聚合功能，交换机的链路聚合技术配置拓扑图如图 2.3.1 所示。

具体要求如下：

（1）添加两台计算机，并将标签名分别更改为 PC1 和 PC2。

（2）添加两台型号为 2960-24TT 的二层交换机，并将标签名分别设置为 SWA 和 SWB。

（3）PC1 连接 SWA 的 Fa0/1 接口，PC2 连接 SWB 的 Fa0/1 接口。

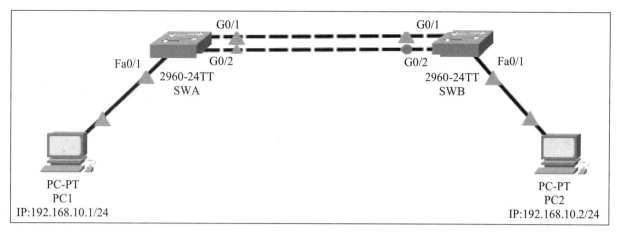

图 2.3.1　交换机的链路聚合技术配置拓扑图

（4）将两台交换机的 G0/1 接口和 G0/2 接口设置为聚合端口，从而实现链路聚合功能。

❖ **任务实施**

步骤 1：配置 SWA 的主机名称和划分 VLAN10，并将 Fa0/1 接口加入 VLAN10 中。

```
Switch>enable
Switch#configure terminal
Switch(config)#hostname SWA              //定义主机名称为 SWA
SWA(config)#vlan 10                      //划分 VLAN10
SWA(config-vlan)#exit
SWA(config)#in f0/1
SWA(config-if)#switchport access vlan 10   //将 Fa0/1 接口加入 VLAN10 中
SWA(config-if)#end
SWA#
```

步骤 2：配置 SWB 的主机名称和划分 VLAN10，并将 Fa0/1 接口加入 VLAN10 中。

```
Switch>enable
Switch#configure terminal
Switch(config)#hostname SWB
SWB(config)#vlan 10
SWB(config-vlan)#exit
SWB(config)#in f0/1
SWB(config-if)#switchport access vlan 10
SWB(config-if)#end
SWB#
```

步骤 3：在 SWA 上配置链路聚合，G0/1 接口和 G0/2 接口为聚合组，并开启 Trunk 模式。

```
//进入接口组 G0/1 和 G0/2
SWA(config)#interface range gigabitEthernet 0/1-2
```

```
SWA(config-if-range)#channel-group 1 mode on        //启动链路聚合功能
SWA(config-if-range)#exit
SWA(config)#interface port-channel 1                //创建聚合组1
SWA(config-if)#switchport mode trunk                //配置模式为Trunk
SWA(config-if)#end
SWA#write
SWA#
```

步骤4：在 SWB 上配置链路聚合，G0/1 接口和 G0/2 接口为聚合组，并开启 Trunk 模式。

```
SWB(config)#interface range gigabitEthernet 0/1-2   //进入接口组G0/1和G0/2
SWB(config-if-range)#channel-group 1 mode on        //启动链路聚合功能
SWB(config-if-range)#exit
SWB(config)#in port-channel 1                       //创建聚合组1
SWB(config-if)#switchport mode trunk                //配置模式为Trunk
SWB(config-if)#end
SWB#write
SWB#
```

步骤5：在 SWA 上验证链路聚合。

```
SWA#show etherchannel summary                       //查看链路聚合组1的信息
...                                                 //此处省略部分内容

Group   Port-channel     Protocol       Ports
------+-------------+-----------+-----------------------------------
1       Po1(SU)          -             G0/1(P)  G0/2(P)
SWA#
```

小贴士

（1）在设置交换机的聚合端口时应选择偶数数目的端口，如2个、4个、8个等。

（2）选择的端口必须是连续的。

（3）链路聚合组应设置为 Truck 模式。

❖ 任务验收

1. 测试计算机之间的连通性

在 PC1 上测试其与 PC2 之间的连通性，如图 2.3.2 所示。

2. 改变拓扑结构重新测试

当交换机之间的任意一条链路断开时，PC1 与 PC2 之间仍能互相通信，计算机之间的连通性没有受到影响，如图 2.3.3 所示。

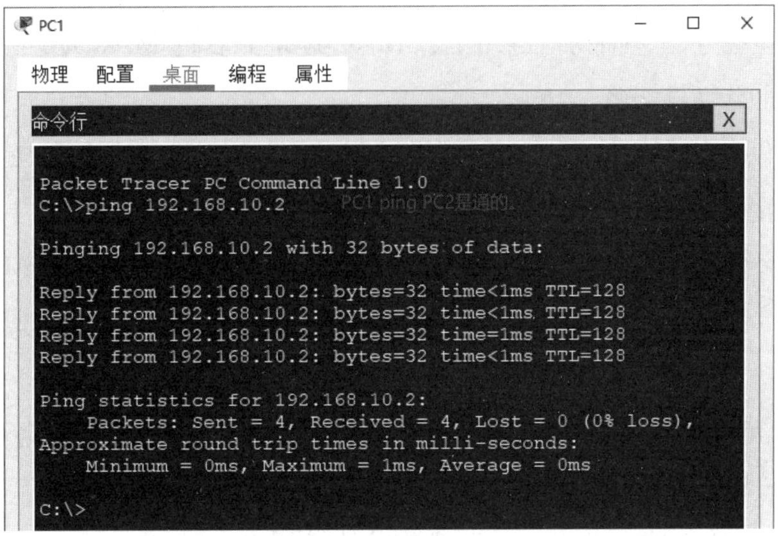

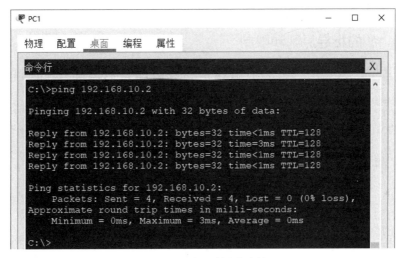

图 2.3.2 测试 PC1 与 PC2 之间的连通性

图 2.3.3 连通性测试结果

❖ 知识链接

EtherChannel 技术最初是由思科公司开发的，是一种将多个快速以太网或千兆以太网接口集合到一个逻辑通道中的 LAN 交换机到交换机技术。当配置 EtherChannel 时，所产生的虚拟接口称为接口通道。物理接口捆绑在一起称为一个接口通道接口。

1. EtherChannel 技术的优点

大多数配置任务可以在 EtherChannel 接口（而不是在每个接口）上完成，这能确保链路中的配置一致。

EtherChannel 依赖现有的交换机接口，无须将链路升级到拥有更高带宽的更快、更昂贵的连接。

负载均衡在属于同一 EtherChannel 的链路之间进行。根据硬件平台，可以实施一个或多个负载均衡方法。这些方法包括物理链路上源 MAC 地址到目的 MAC 地址的负载均衡和源 IP 地址到目的 IP 地址的负载均衡。

EtherChannel 创建的聚合被视为一条逻辑链路。当两台交换机之间存在多个 EtherChannel 包时，STP 可能会阻塞其中一个包，以防止出现冗余链路。当 STP 阻塞其中一条冗余链路时，它会阻塞整个 EtherChannel。这将阻塞属于此 EtherChannel 链路的所有接口。如果只有一条 EtherChannel 链路，则 EtherChannel 中的所有物理链路都有效，因为 STP 只看到一条（逻辑）链路。

EtherChannel 可以提供冗余，因为整体链路被视为一个逻辑连接。此外，通道内一条物理链路的丢失不会造成拓扑的变化，因此不需要重新计算生成树。假设至少存在一条物理链路，则 EtherChannel 将保持正常运行，虽然其总体吞吐量会因 EtherChannel 中的链路丢失而减少。

2．EtherChannel 的指导原则和限制

EtherChannel 支持：所有模块上的所有以太网接口都必须支持 EtherChannel，而不要求接口在物理上连续或位于同一模块上。

速度和双工模式：将 EtherChannel 中的所有接口配置为以相同速度并在相同双工模式下运行。

VLAN 匹配：必须将 EtherChannel 中的所有接口分配到相同 VLAN 中，或者配置为 Trunk 模式。

VLAN 范围：在 EtherChannel 中的所有接口上，EtherChannel 都支持相同的 VLAN 允许范围。如果 VLAN 的允许范围不同，那么即使设置为自动或期望的模式，接口也不会形成 EtherChannel。

如果必须更改这些设置，则可以在接口通道接口配置模式下修改。当配置了接口通道接口后，任何应用于接口通道接口的配置都会影响各个接口。但是，应用于单个接口的配置不会影响接口通道接口。因此，对属于 EtherChannel 链路的接口进行配置更改可能会导致接口兼容性问题。

❖ 任务小结

当连接好设备时，在交换机互连的两条链路中，若有一条链路的标志是黄色的，则表示该链路处于关闭状态，此时两台交换机之间并没有实现链路聚合功能。当完成以上配置时，再次检查网络拓扑图可以发现，这时交换机互连的两条链路的标志都是绿色的，当交换机之间的一条链路断开时，PC1 与 PC2 之间仍能互相通信。

活动 2　交换机的 VTP 技术

虚拟局域网干道协议（VLAN Trunk Protocol，VTP）即 VLAN 的中继协议。VTP 通过网络来保持 VLAN 配置的统一性。VTP 实现了系统化管理，方便了网络管理员增加、删除和调整网络中的 VLAN 规划。只要把交换机加入同一个 VTP 域中，工作在服务器模式的交换机会自动将 VLAN 配置信息向网络中其他的交换机进行广播，VTP 客户端会自动学习 VTP 服务器上的 VLAN 信息。此外，VTP 还减少了那些可能导致安全问题的配置，便于管理。

❖ 任务描述

海成公司的局域网在使用过程中，由于业务的改变经常需要增加或删除 VLAN。而由于交换机的数量较多，且位置分散，因此为了能够保证 VLAN 配置的统一性，管理员需要花费较多的时间来管理。为了解决这一问题，可以使用 VTP 技术。

❖ 任务分析

对于多台交换机的 VLAN 管理，使用 VTP 技术较为合适。设置核心层交换机为 VTP 服务器，并规划相应的 VLAN。接入层交换机为 VTP 客户端，使它们实现 VLAN 的中继，自动创建与 VTP 服务器相同的 VLAN 规划。配置交换机的连接接口为 Trunk 类型，并规划接入层 VLAN 的接口分配，最终实现全网互通。

下面利用实验来介绍交换机的 VTP 技术的应用及配置方法，交换机的 VTP 技术配置拓扑图如图 2.3.4 所示。

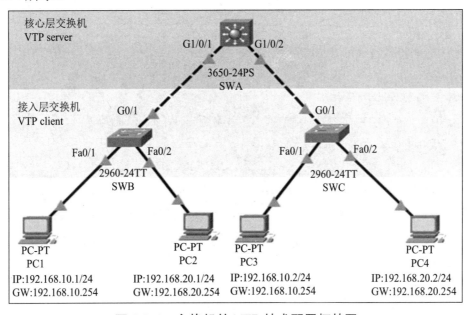

图 2.3.4　交换机的 VTP 技术配置拓扑图

具体要求如下：

（1）添加四台计算机，并将标签名分别更改为 PC1～PC4。

（2）添加一台型号为 3650-24PS 的三层交换机，并添加 AC-POWER-SUPPLY 电源模块，用于为设备供电。

（3）将型号为 3650-24PS 的三层交换机的标签名更改为 SWA，作为 VTP 服务器。

（4）添加两台型号为 2960-24TT 的二层交换机，作为 VTP 客户端，并将标签名分别更改为 SWB 和 SWC。

（5）在 SWA 上划分两个 VLAN，VLAN 的划分情况及 IP 地址和子网掩码设置如表 2.3.1 所示。

表 2.3.1　VTP 服务器 VLAN 的划分情况及 IP 地址和子网掩码设置

VLAN 编号	VLAN 名称	接 口 范 围	IP 地址/子网掩码
10	VLAN10	无	192.168.10.254/24
20	VLAN20	无	192.168.20.254/24

（5）根据如图 2.3.4 所示的拓扑图连接好所有网络设备，并按图设置所有计算机的 IP 地址、子网掩码和网关。

（6）设置 SWA 为 VTP server，设置 SWB 和 SWC 为 VTP client，使得 SWB 和 SWC 具有与 SWA 相同的 VLAN 配置。

❖ 任务实施

步骤 1：配置 SWA 的主机名称，将其设置为 VTP 服务器，并设置 VTP 服务器的域名与密码。

```
Switch>en
Switch#conf t
Switch(config)#hostname SWA
SWA(config)#vtp domain mydomain        //配置 VTP 的域名为 mydomain
Changing VTP domain name from myvtp to mydomain
SWA(config)#vtp mode server            //设置 VTP 的模式为服务器模式
Setting device to VTP SERVER mode
SWA(config)#vtp password cisco         //设置 VTP 的密码为 cisco
Setting device VLAN database password to cisco
SWA#show vtp status                    //查看 VTP 的状态
VTP Version capable : 1 to 2
VTP version running : 2
VTP Domain Name : mydomain             //VTP 的域名
```

```
VTP Pruning Mode : Disabled
VTP Traps Generation : Disabled
VTP Operating Mode : Server        //VTP 的模式
SWA#
```

步骤 2：配置 SWB 的主机名称，将其设置为 VTP 客户端，域名和密码与 VTP 服务器相同。

```
Switch>en
Switch#conf t
Switch(config)#hostname SWB
SWB(config)#vtp domain mydomain      //VTP 的域名与核心层交换机保持一致
SWB(config)#vtp password cisco       //设置 VTP 的密码为 cisco
SWB(config)#vtp mode client          //设置 VTP 的模式为客户端模式
SWB(config)#
```

使用同样的方法，设置 SWC 为 VTP 客户端。

步骤 3：配置 VTP 服务器端的 VLAN 规划。

根据实验要求，在 SWA 上划分两个 VLAN（VLAN10 和 VLAN20），不进行接口分配，并设置相应的 IP 地址等参数和启动路由功能。

```
SWA(config)#vlan 10          //定义 VLAN10
SWA(config-vlan)#exit
SWA(config)#vlan 20          //定义 VLAN20
SWA(config-vlan)#exit
SWA(config)#int vlan 10       //为 VLAN10 配置网关，使其可与 VLAN 外部通信
SWA(config-if)#ip add 192.168.10.254 255.255.255.0
SWA(config-if)#no shutdown
SWA(config-if)#int vlan 20 //为 VLAN20 配置网关，使其可与 VLAN 外部通信
SWA(config-if)#ip add 192.168.20.254 255.255.255.0
SWA(config-if)#no shutdown
SWA(config-if)#exit
SWA(config)#ip routing       //开启三层交换机的路由功能
SWA(config)#
```

步骤 4：配置各交换机上的中继链路。

（1）在 SWA 上进行如下配置：

```
SWA(config)#int g1/0/1
SWA(config-if)#sw mode trunk
SWA(config-if)#switchport trunk encapsulation dot1Q
SWA(config-if)#switchport mode trunk
SWA(config-if)# int g1/0/2
```

```
SWA(config-if)#switchport trunk encapsulation dot1Q
SWA(config-if)#switchport mode trunk
SWA(config-if)#end
SWA#write
SWA#
```

（2）在 SWB 上进行如下配置：

```
SWB(config)#int g0/1
SWB(config-if)#switchport mode trunk
SWB(config-if)#
```

（3）在 SWC 上进行如下配置：

```
SWC(config)#int g0/1
SWC(config-if)#switchport mode trunk
SWC(config-if)#
```

步骤 5：查看 VTP 客户端上的 VLAN 配置。可以看到，此时接入层交换机上已经存在了两个 VLAN，即 VLAN10 和 VLAN20。

```
SWB#show vlan
VLAN Name                             Status    Ports
---- -------------------------------- --------  --------------------------
1    default                          active Fa0/1, Fa0/2, Fa0/3, Fa0/4
                                             Fa0/5, Fa0/6, Fa0/7, Fa0/8
                                             Fa0/9, Fa0/10,Fa0/11,Fa0/12
                                             Fa0/13,Fa0/14,Fa0/15,Fa0/16
                                             Fa0/17,Fa0/18,Fa0/19,Fa0/20
                                             Fa0/21,Fa0/22,Fa0/23,Fa0/24
                                             G0/2
10   VLAN0010                         active
20   VLAN0020                         active
```

步骤 6：在 SWB 上把相应接口加入 VLAN 中。

```
SWB(config)#int fa0/1
SWB(config-if)#switchport access vlan 10
SWB(config-if)#int fa0/2
SWB(config-if)#switchport access vlan 20
SWB(config-if)#end
SWB#write
SWB#
```

步骤 7：在 SWC 上把相应接口加入 VLAN 中。

```
SWC(config)#int fa0/1
```

```
SWC(config-if)#switchport access vlan 10
SWC(config-if)#int fa0/2
SWC(config-if)#switchport access vlan 20
SWC(config-if)#end
SWC#write
SWC#
```

❖ **任务验收**

完成以上所有配置，已经实现了全网互通的目标。为了验证实验结果，可以使用任何一台计算机去测试其与其他计算机之间的连通性。

在 PC1 上分别测试其与 PC3 和 PC4 之间的连通性，结果如图 2.3.5 所示。

图 2.3.5　验证交换机 VTP 实验

小贴士

所有交换机的 VTP 的域名一致、密码相同才能传输 VTP 消息。注意，VTP 的域名、密码都是区分大小写的，所以配置时要注意检查。

VTP 是思科公司开发的私有协议，只能运行在思科公司的设备上，不支持其他品牌的设备，所以在多种品牌的设备互连时，不能使用 VTP 技术。

❖ **知识链接**

1．VTP 的工作模式

VTP 中的交换机有 3 种工作模式：服务器模式、客户端模式和透明模式。在 VTP 服务器上可以定义和删除 VLAN，而 VTP 客户端能够自动进行同步配置。工作在 VTP 透明模式下的交换机不受影响，可以独立配置，但是工作在 VTP 透明模式下的交换机参与传输 VTP 域中的信息。

2．VTP 的状态及参数

Cisco IOS 中的 show vtp status 命令可以用于显示 VTP 的状态。输出信息显示 SWA 默认为 VTP 服务器模式，并且没有分配 VTP 域名。此输出信息还显示该交换机的最高可用 VTP 版本是第 2 版，并且 VTP 第 2 版被禁用。当在网络中配置和管理 VTP 时，会经常用到 show vtp status 命令。下面简要说明 show vtp status 命令的参数。

VTP Version：显示交换机可以运行的 VTP 版本。在默认情况下，交换机采用第 1 版，但是可以设置为第 2 版。

Configuration Revision：交换机上的当前配置修订版号。后面将介绍更多有关修订版号的知识。

Maximum VLANs Supported Locally：本地支持的 VLAN 的最大数量。

Number of Existing VLANs：现有 VLAN 的数量。

VTP Operating Mode：可以是服务器模式、客户端模式或透明模式。

VTP Domain Name：用于标识交换机管理域的名称。

VTP Pruning Mode：显示修剪模式是启用还是禁用。

❖ **任务小结**

本活动介绍了交换机 VTP 技术的应用，VTP 技术大大减轻了网络管理员对 VLAN 的管理操作，使网络管理员能方便地增加、删除和调整网络中的 VLAN 规划，并保持网络中 VLAN 规划的统一性。

活动 3　交换机的 STP 技术

网络的可靠性要求网络设备能够满足 7×24 小时的不间断工作，这就需要在网络中增加冗余的链路。生成树协议（Spanning Tree Protocol，STP）使网络保持在一种无环、最优的工作状态，网络管理员可以基于 VLAN 流量调整生成树状态，以达到网络的负载均衡，使网络达到最佳的工作效率。

❖ **任务描述**

由于业务迅速发展和对网络可靠性要求的提高，海成公司增加了设备之间的备份链路，希望使网络在不间断的情况下能达到最佳的工作效率。

❖ **任务分析**

STP 技术可以在交换机网络中消除第二层环路，在网络出现故障时，能及时补充有效链路，从而保障网络的可用性。在网络正常运行时，可以基于不同的 VLAN 进行转发，起到负载均衡的作用，从而提高网络的工作效率。

下面利用实验来介绍交换机的 STP 技术的应用及配置方法，交换机的 STP 技术配置拓扑图如图 2.3.6 所示。

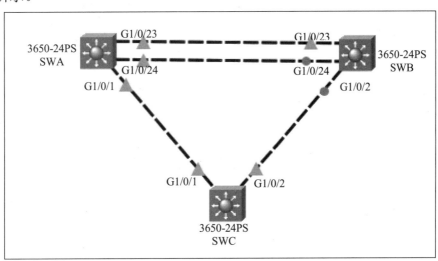

图 2.3.6　交换机的 STP 技术配置拓扑图

具体要求如下：

（1）添加三台型号为 3650-24PS 的三层交换机，并添加 AC-POWER-SUPPLY 电源模块，用于为设备供电。

（2）将三台型号为 3650-24PS 的三层交换机的标签名分别更改为 SWA、SWB 和 SWC。

（3）根据如图 2.3.6 所示的拓扑图连接好所有网络设备。

（4）在 SWA、SWB 和 SWC 上均划分 VLAN10 和 VLAN20。

（5）在 SWA 和 SWB 上配置生成树协议，实现 VLAN 的负载均衡，使得 VLAN10 内的计算机在通信时走 G1/0/23 的链路，VLAN20 内的计算机在通信时走 G1/0/24 的链路。

❖ **任务实施**

步骤 1：配置 SWA 的主机名称，并创建 VLAN10 和 VLAN20。

```
Switch>en
Switch#conf t
Switch(config)#hostname SWA          //配置主机名称
SWA(config)#vlan 10                  //创建 VLAN10
SWA(config-vlan)#exit
SWA(config)#vlan 20                  //创建 VLAN20
SWA(config-vlan)#exit
SWA(config)#
```

步骤 2：配置 SWB 的主机名称，并创建 VLAN10 和 VLAN20。

```
Switch>en
Switch#conf t
Switch(config)#hostname SWB
SWB(config)#vlan 10
SWB(config-vlan)#exit
SWB(config)#vlan 20
SWB(config-vlan)#exit
SWB(config)#
```

步骤 3：配置 SWC 的主机名称，并创建 VLAN10 和 VLAN20。

```
Switch>en
Switch#conf t
Switch(config)#hostname SWC
SWC(config)#vlan 10
SWC(config-vlan)#exit
SWC(config)#vlan 20
SWC(config-vlan)#exit
SWC(config)#
```

步骤 4：在交换机上启用生成树协议。

在交换机上默认开启生成树协议，这里选择 rapid-pvst（VLAN 快速生成树，RSTP）生成树协议，既可以达到快速收敛，又可以在每个 VLAN 上构建生成树，以达到负载均衡。

（1）在 SWA 上启用 rapid-pvst（RSTP 快速生成树）。

```
SWA(config)#spanning-tree mode rapid-pvst
```

（2）在 SWB 上启用 rapid-pvst（RSTP 快速生成树）。

```
SWB(config)#spanning-tree mode rapid-pvst
```

（3）在 SWC 上启用 rapid-pvst（RSTP 快速生成树）。

```
SWC(config)#spanning-tree mode rapid-pvst
```

步骤 5：在各交换机上完成 Trunk 中继链路的配置。

（1）SWA 的配置如下：

```
SWA(config)#int g1/0/1
SWA(config-if)#switchport trunk encapsulation dot1Q
SWA(config-if)#switchport mode trunk
SWA(config-if)#exit
SWA(config-if)# int g1/0/23
SWA(config-if)#switchport trunk encapsulation dot1Q
SWA(config-if)#switchport mode trunk
SWA(config-if)#exit
SWA(config-if)# int g1/0/24
SWA(config-if)#switchport trunk encapsulation dot1Q
SWA(config-if)#switchport mode trunk
SWA(config-if)#
```

（2）SWB 的配置如下：

```
SWB(config)#int g1/0/2
SWB(config-if)#switchport trunk encapsulation dot1Q
SWB(config-if)#switchport mode trunk
SWB(config-if)#exit
SWB(config)#int g1/0/23
SWB(config-if)#switchport trunk encapsulation dot1Q
SWB(config-if)#switchport mode trunk
SWB(config-if)#exit
SWB(config)#int g1/0/24
SWB(config-if)#switchport trunk encapsulation dot1Q
SWB(config-if)#switchport mode trunk
SWB(config-if)#
```

（3）SWC 的配置如下：

```
SWC(config)#int g1/0/1
SWC(config-if)#switchport trunk encapsulation dot1Q
SWC(config-if)#switchport mode trunk
SWC(config-if)#exit
SWC(config)#int g1/0/2
SWC(config-if)#switchport trunk encapsulation dot1Q
SWC(config-if)#switchport mode trunk
SWC(config-if)#exit
```

步骤 6：修改生成树根网桥和优先级。

在本实验中，设置 SWA 为 VLAN10 的根网桥，为 VLAN20 的备用。设置命令如下：

```
//设置VLAN10的优先级，也是根网桥4096的倍数，值越小，则优先级越高，默认为32768
SWA(config)#spanning-tree vlan 10 priority 4096
SWA(config)#spanning-tree vlan 20 root secondary
```

在本实验中，设置 SWB 为 VLAN20 的根网桥，为 VLAN10 的备用。设置命令如下：

```
SWB(config)#spanning-tree vlan 20 priority 4096
SWB(config)#spanning-tree vlan 10 root secondary
```

步骤 7：查看和检验生成树的配置。

查看生成树的配置，可以在全局模式下使用 show spanning-tree 命令进行查看。下面是在 SWA 上查看到的生成树信息。此信息会显示交换机上所有 VLAN 的生成树信息。

```
SWA#show spanning-tree vlan 10
VLAN0010
This bridge is the root       //根网桥
Interface        Role   Sts   Cost      Prio.Nbr Type
---------------- ----   ---   --------- --------
G1/0/1           Desg   FWD   4         128.1 P2p
G1/0/23          Desg   FWD   4         128.23 P2p
G1/0/24          Desg   FWD   4         128.24 P2p
SWA#show spanning-tree vlan 20
VLAN0020
Interface        Role   Sts   Cost      Prio.Nbr Type
---------------- ----   ---   --------- --------
G1/0/1           Desg   FWD   4         128.1 P2p
G1/0/23          Root   FWD   4         128.23 P2p
G1/0/24          Altn   BLK   4         128.24 P2p
SWB#show spanning-tree vlan 10
VLAN0010
Interface        Role   Sts   Cost       Prio.Nbr Type
---------------- ----   ---   ---------  --------
G1/0/24          Altn   BLK   4          128.24 P2p
G1/0/23          Root   FWD   4          128.23 P2p
G1/0/2           Desg   FWD   4          128.2 P2p
SWB#show spanning-tree vlan 20
VLAN0020
This bridge is the root  //根网桥
Interface Role   Sts   Cost       Prio.Nbr Type
---------------- ----   ---   ---------  --------
G1/0/24   Desg   FWD   4          128.24 P2p
G1/0/23   Desg   FWD   4          128.23 P2p
```

```
G1/0/2     Desg   FWD    4          128.2 P2p
//通过查询可以看到，VLAN10 和 VLAN20 的数据要在 SWA 和 SWB 之间传输，将全部会在
//G1/0/23 接口之间的链路上传输，这样不是很合理，要实现负载均衡才好
```

步骤 8：配置 VLAN 的负载均衡。

生成树不但提供了冗余备份链路，还可以为 VLAN 配置负载均衡，即为每一个 VLAN 配置一条指定的链路。在为 VLAN 配置负载均衡后，每个 VLAN 都有自己的根网桥，且每条链路只转发所允许的 VLAN 数据帧，有两种方法可以实现。

在本实验中，为 VLAN10 配置交换机与 G1/0/24 接口互连的链路，为 VLAN20 配置交换机与 G1/0/23 接口互连的链路。具体实施如下所述。

第一种方法：修改 Cost 值。

```
SWB(config)#interface g1/0/24
SWB(config-if)#spanning-tree vlan 10 cost 3
//在 SWB 上修改 G1/0/24 接口的 Cost 值，由于 G1/0/23 接口的 Cost 默认值为 4，因此
//G1/0/24 接口成了根端口，而 G1/0/23 接口被阻断了
```

第二种方法：修改端口的优先级。

```
SWA(config)# interface g1/0/24
SWA(config-if)# spanning-tree vlan 10 port-priority 112
//在接口上配置优先级。需要注意的是，要在 SWA 上配置。端口优先级的默认值为 128，值越
//小，则优先级越高，优先级需要是 16 的倍数
```

❖ 任务验收

1. 查看和检验修改 Cost 值后的 STP 的配置

```
SWA#show spanning-tree vlan 10
VLAN0010
This bridge is the root
Interface       Role  Sts  Cost      Prio.Nbr Type
--------------- ----  ---  --------- ---------
G1/0/1          Desg  FWD  4         128.1 P2p
G1/0/24         Desg  FWD  4         128.23 P2p
G1/0/23         Desg  FWD  4         128.24 P2p
SWA#show spanning-tree vlan 20
VLAN0020
Interface       Role  Sts  Cost      Prio.Nbr Type
--------------- ----  ---  --------- ---------
G1/0/1          Desg  FWD  4         128.1 P2p
G1/0/24         Root  BLK  4         128.23 P2p
G1/0/23         Altn  FWD  4         128.24 P2p

SWB#show spanning-tree vlan 10
```

```
VLAN0010
Interface        Role   Sts   Cost        Prio.Nbr Type
---------------- ----  ---  --------- --------
G1/0/2           Desg   FWD   4           128.2 P2p
G1/0/24          Altn   FWD   4           128.24 P2p
G1/0/23          Root   BLK   4           128.23 P2p


SWB#show spanning-tree vlan 20
VLAN0020
This bridge is the root       //根网桥
Interface        Role   Sts   Cost        Prio.Nbr Type
---------------- ----  ---  --------- --------
G1/0/2           Desg   FWD   4           128.2 P2p
G1/0/24          Desg   FWD   4           128.24 P2p
G1/0/23          Desg   FWD   4           128.23 P2p
```
//通过查询可以看到，当修改了 G1/0/24 接口的 Cost 值后，SWA 和 SWB 之间的 VLAN10 数
//据通过 G1/0/24 接口之间的链路传输，VLAN20 的数据通过 G1/0/23 接口之间的链路传输

2．查看交换机接口的标志的颜色

在完成以上所有配置后，再次查看拓扑图可以发现，交换机所有互连的接口的标志全都变为绿色了，不再存在黄色的标志。

❖ 知识链接

收敛是生成树过程中的一个重要环节。收敛是指网络在一段时间内确定作为根桥的交换机、经过所有不同的接口状态，并且将所有交换机接口设置为其最终的生成树接口角色，而所有潜在的环路都被消除。收敛过程需要耗费一定的时间，这是因为其使用不同的计时器来协调整个过程。

STP 收敛过程分为以下 3 个步骤。

步骤 1：选举根桥。根桥是所有生成树路径开销计算的基础，用于防止环路的各种端口角色也是基于根桥而分配的。

根桥选举在交换机完成启动时或网络中检测到路径故障时触发。根桥选举是根据交换机的 BID 进行的，其中 BID=网桥优先级+VLAN ID，ID 最小者当选根桥。

步骤 2：选举根端口。

所有非根桥都产生一个根端口，即本网桥选择一个到达根桥的路径开销最小的端口作为根端口。

步骤 3：选举指定端口和非指定端口。当交换机确定了根端口后，还必须将剩余端口配置为指定端口（DP）或非指定端口（非 DP），以完成逻辑无环生成树。

交换机网络中的每个网段只能有一个指定端口。当两个非根端口的交换机端口连接到同一个 LAN 网段时，会发生竞争端口角色的情况。这两台交换机会交换生成树消息，以确定哪个交换机端口是指定端口，哪个交换机端口是非指定端口。

一般而言，交换机接口是否配置为指定端口由 BID 决定。但是，首要条件是具有到达根桥的最小路径开销。只有当端口开销相等时，才考虑发送方的 BID。

STP 具有多种类型或变体。其中，某些变体是 Cisco 专有的，其他则是 IEEE 标准。

Cisco 专有的变体有每个 VLAN 生成树（PVST）协议和增强型每个 VLAN 生成树（PVST+）协议。

IEEE 的生成树协议有多生成树协议（MSTP）和快速生成树协议（RSTP）。

❖ 任务小结

本活动介绍了交换机如何实现生成树协议，既为互联网中提供了多条冗余备份链路，也解决了互联网中的环路问题。在默认情况下，两台交换机之间的多条冗余链路仅有一条处于工作状态，其他链路都处于关闭状态，只有当其他链路出现故障或断开时才会启用。但是如果设置了生成树的 VLAN 负载均衡，则可以实现多条链路同时工作，这在一定程度上实现了网络带宽的拓容，从而提升了网络的速度。

活动 4　交换机的 DHCP 技术

在企业网络中，动态主机配置协议（Dynamic Host Configuration Protocol，DHCP）技术既可以有规划地分配 IP 地址，也可以避免因用户私设 IP 地址而引起的地址冲突。三层交换机提供了 DHCP 服务的功能，不仅能够为用户动态分配 IP 地址，还能够推送 DNS 服务地址等网络参数，使用户零配置上网。

❖ 任务描述

由于海成公司的员工反映经常出现 IP 地址冲突影响上网的情况，因此网络管理员决定在整个局域网上统一规划 IP 地址，让用户使用动态获取 IP 地址的方式接入局域网，这样既节约了 IP 地址空间，又避免了 IP 地址冲突现象的发生。

❖ 任务分析

可以提供 DHCP 服务的设备有路由器、三层交换机和专用的 DHCP 服务器。由于网络中使用的核心层交换机、分布层交换机都是三层交换机，因此可以在分布层交换机上开启 DHCP

服务，并配置用户 IP 地址池，统一分配规划的用户 IP 地址。

下面利用实验来介绍交换机的 DHCP 技术的应用及配置方法，交换机的 DHCP 技术配置拓扑图如图 2.3.7 所示。

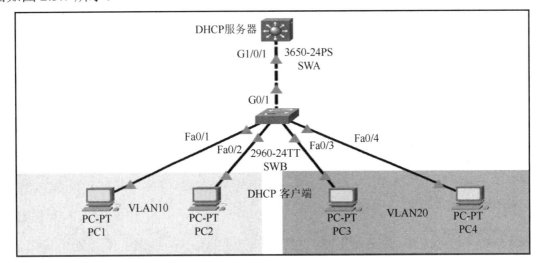

图 2.3.7 交换机的 DHCP 技术配置拓扑图

具体要求如下：

（1）添加四台计算机，并将标签名分别更改为 PC1～PC4。

（2）添加一台型号为 2960-24TT 的二层交换机，并将标签名设置为 SWB。

（3）添加一台型号为 3650-24PS 的三层交换机，并添加 AC-POWER-SUPPLY 电源模块，用于为设备供电。

（4）将型号为 3650-24PS 的三层交换机的标签名设置为 SWA。

（5）PC1 连接 SWB 的 Fa0/1 接口，PC2 连接 SWB 的 Fa0/2 接口，PC3 连接 SWB 的 Fa0/3 接口，PC4 连接 SWB 的 Fa0/4 接口。

（6）SWB 的 G0/1 接口连接 SWA 的 G1/0/1 接口。

（7）在 SWB 上划分两个 VLAN（VLAN10 和 VLAN20），并将 G0/1 接口设置为 Trunk 模式，详细参数如表 2.3.2 所示。

表 2.3.2 SWB 的 VLAN 参数

VLAN 编号	接 口 范 围	接 口 模 式
10	Fa0/1～Fa0/2	Access
20	Fa0/3～Fa0/4	Access
	G0/1	Trunk

（8）在 SWA 上划分两个 VLAN（VLAN10 和 VLAN20），并将 G1/0/1 接口设置为 Trunk 模式，详细参数如表 2.3.3 所示。

表 2.3.3   SWA 的 VLAN 参数

VLAN 编号	接 口 范 围	IP 地址/子网掩码
10		192.168.10.254/24
20		192.168.20.254/24

（9）根据如图 2.3.7 所示的拓扑图连接好所有网络设备，并将每台计算机的 IP 地址设置为 DHCP 获取方式。

（10）在 SWA 上划分两个 VLAN，同时开启 DHCP 服务，使连接在交换机上的不同 VLAN 内的计算机获得相应的 IP 地址，最终实现全网互通。

❖ **任务实施**

步骤 1：配置 SWA 的主机名称，并划分 VLAN10 和 VLAN20。

```
Switch>en
Switch#conf t
Switch(config)#hostname SWA
SWA(config)#vlan 10
SWA(config-vlan)#exit
SWA(config)#vlan 20
SWA(config-vlan)#exit
SWA(config)#
```

步骤 2：开启 SWA 的路由功能，并配置 VLAN10 和 VLAN20 的 IP 地址。

```
SWA(config)#ip routing
SWA(config)#int vlan 10
SWA(config-if)#ip add 192.168.10.254 255.255.255.0
SWA(config-if)#int vlan 20
SWA(config-if)#ip add 192.168.20.254 255.255.255.0
SWA(config-if)#
```

步骤 3：将 SWA 的 G1/0/1 接口配置为 Trunk 模式。

```
SWA(config)#int g1/0/1
SWA(config-if)#switchport trunk encapsulation dot1Q
SWA(config-if)#switchport mode trunk
SWA(config-if)#
```

步骤 4：在 SWB 上创建 VLAN10 和 VLAN20，并将相应接口分别加入 VLAN 中。

```
Switch(config)#hostname SWB
SWB(config)#vlan 10
SWB(config-vlan)#vlan 20
```

```
SWB(config-vlan)#exit
SWB(config )#int range fa0/1-2
SWB(config-if)#switchport access vlan 10
SWB(config-if)#int range  fa0/3-4
SWB(config-if)#switchport access vlan 20
SWB(config-if)#exit
SWB(config)#int g0/1
SWB(config-if)#switchport mode trunk
SWB(config-if)#
```

步骤5：在 SWA 上配置 DHCP 服务。定义两个 IP 地址池，分别为 VLAN10 和 VLAN20 的计算机分配 IP 地址。

```
SWA(config)#service dhcp                          //开启 DHCP 服务
SWA(config)#ip dhcp pool vlan10                   //定义 IP 地址池，名称为 VLAN10
//IP 地址池中的 IP 地址为 192.168.10.0/24 网段，子网掩码为 255.255.255.0
SWA(dhcp-config)#network 192.168.10.0 255.255.255.0
SWA(dhcp-config)#default-router 192.168.10.254    //默认网关为 192.168.10.254
SWA(dhcp-config)#dns-server 202.96.128.166        //推送 DNS 服务器地址
SWA(dhcp-config)#exit
SWA(config)#ip dhcp pool vlan20                   //定义 IP 地址池，名称为 VLAN20
//IP 地址池使用的网段为 192.168.20.0/24
SWA(dhcp-config)#network 192.168.20.0 255.255.255.0
//默认网关为 192.168.20.254
SWA(dhcp-config)#default-router 192.168.20.254
SWA(dhcp-config)#dns-server 202.96.128.166        //推送 DNS 服务器地址
SWA(dhcp-config)#exit                             //返回全局配置模式
SWA(config)#
```

❖ 任务验收

1. 测试计算机获取 IP 地址

打开计算机的"桌面"选项卡界面，发现计算机已经获取了 IP 地址。也可以选择"桌面"选项卡中的"命令提示符"选项，在弹出的"命令行"对话框中使用 ipconfig 命令进行验证，如图 2.3.8 所示。

使用同样的方法，为每台计算机设置 DHCP 方式获取 IP 地址，并查看每台计算机所获取的 IP 地址等信息，最后得到的内容如表 2.3.4 所示。

图 2.3.8 计算机动态获取 IP 地址成功

表 2.3.4 计算机获取的 IP 地址等信息

计 算 机	IP 地 址	子 网 掩 码	默 认 网 关	DNS 服务器地址
PC1	192.168.10.1	255.255.255.0	192.168.10.254	202.96.128.166
PC2	192.168.10.2	255.255.255.0	192.168.10.254	202.96.128.166
PC3	192.168.20.1	255.255.255.0	192.168.20.254	202.96.128.166
PC4	192.168.20.2	255.255.255.0	192.168.20.254	202.96.128.166

2. 设置保留的 IP 地址，并进行验证

（1）设置 DHCP 服务器保留的 IP 地址：假设要在 192.168.10.0/24 网段中保留前 20 个 IP 地址留做备用，在 192.168.20.0/24 网段中保留前 100 个 IP 地址留做备用，则使用如下命令进行配置。

```
SW(config)#ip dhcp excluded-address 192.168.10.1 192.168.10.20
SW(config)#ip dhcp excluded-address 192.168.20.1 192.168.20.100
```

（2）在 PC3 上验证保留的 IP 地址是否生效，如图 2.3.9 所示。

图 2.3.9 DHCP 服务器保留的 IP 地址生效

3. 测试计算机之间的连通情况

在每台计算机中，选择"桌面"选项卡中的"命令提示符"选项，在弹出的"命令行"

对话框中使用 ping 命令去测试其与其他计算机之间的连通情况。可以得出结论，当前网络中的所有计算机之间是连通的。

❖ **知识链接**

DHCP 协议是 TCP/IP 协议簇中的一种，该协议提供了一种动态分配网络配置参数的机制，并且可以后向兼容 BOOTP 协议。

随着网络规模的扩大和网络复杂程度的提高，计算机位置变化（如便携机或无线网络）和计算机数量超过可分配的 IP 地址的情况将会经常出现。DHCP 协议就是为了满足这些需求而发展起来的。DHCP 协议采用客户端/服务器（Client/Server）方式工作，DHCP 客户端向 DHCP 服务器动态地请求配置信息，而 DHCP 服务器则根据策略返回相应的配置信息（如 IP 地址等）。

DHCP 客户端首次登录网络时，主要通过 4 个阶段与 DHCP 服务器建立联系。

（1）发现阶段：即 DHCP 客户端寻找 DHCP 服务器的阶段。DHCP 客户端以广播方式发送 DHCP_Discover 报文，只有 DHCP 服务器才会进行响应。

（2）提供阶段：即 DHCP 服务器提供 IP 地址的阶段。当 DHCP 服务器收到 DHCP 客户端的 DHCP_Discover 报文后，从 IP 地址池中挑选一个尚未分配的 IP 地址分配给 DHCP 客户端，向该 DHCP 客户端发送包含它所提供的 IP 地址和其他设置的 DHCP_Offer 报文。

（3）选择阶段：即 DHCP 客户端选择 IP 地址的阶段。如果有多台 DHCP 服务器向该 DHCP 客户端发送 DHCP_Offer 报文，则 DHCP 客户端只接收第一个收到的 DHCP_Offer 报文，然后以广播方式向各 DHCP 服务器回应 DHCP_Request 报文。

（4）确认阶段：即 DHCP 服务器确认所提供 IP 地址的阶段。当 DHCP 服务器收到 DHCP 客户端回答的 DHCP_Request 报文后，便向 DHCP 客户端发送包含它所提供的 IP 地址和其他设置的 DHCP_ACK 报文。

❖ **任务小结**

本活动中使用三层交换机作为 DHCP 服务器，可以使下连的计算机通过交换机获取 IP 地址、子网掩码、网关和 DNS 服务器地址。当一个网络中计算机数量庞大时，使用 DHCP 服务可以很方便地为每台计算机配置好相应的 IP 地址，从而减轻网络管理员分配 IP 地址的工作。

活动 5　交换机的 HSRP 技术

热备份路由器协议（Hot Standby Router Protocol，HSRP）是一种容错协议，运行于局域网的多台路由器（或三层交换机）上，它将这几台路由器组织成一台"虚拟"路由器，其中一台路由器作为活动路由器（主设备），其余路由器作为备份设备，并不断监控主设备，以便在主设备出现故障时，备份设备能够及时接管数据转发工作，为用户提供透明的切换，从而提高网络的可靠性。

❖ **任务描述**

海成公司为了保证局域网络不间断运行，添加了一台备份核心层交换机，以便在默认网关出现故障时接替网关工作，保障外部网络的畅通。

❖ **任务分析**

如果系统中有多台路由器（或三层交换机），则可以把它们组成一个"热备份组"，这个组形成了一台虚拟路由器。在任一时刻，一个组内只有一台路由器（或三层交换机）是活动的，并由它来转发数据包。如果活动路由器发生了故障，则将选择一台备份路由器来替代活动路由器，但是在本网络内的计算机看来，虚拟路由器没有改变。所以计算机仍然保持连接，没有受到故障的影响，这样就较好地解决了路由器切换问题。

下面利用实验来介绍交换机的 HSRP 技术的应用及配置方法，交换机的 HSRP 技术配置拓扑图如图 2.3.10 所示。

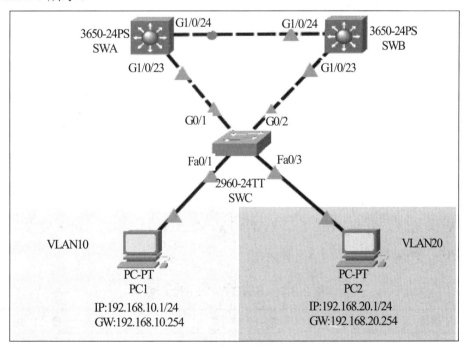

图 2.3.10 交换机的 HSRP 技术配置拓扑图

具体要求如下：

（1）添加两台计算机，并将标签名分别更改为 PC1 和 PC2。

（2）添加一台型号为 2960-24TT 的二层交换机，并将标签名设置为 SWC。

（3）添加两台型号为 3650-24PS 的三层交换机，并添加 AC-POWER-SUPPLY 电源模块，用于为设备供电。

（4）将两台型号为 3650-24PS 的三层交换机的标签名分别设置为 SWA 和 SWB。

（5）PC1 连接 SWC 的 Fa0/1 接口，PC2 连接 SWC 的 Fa0/3 接口。

（6）SWC 的 G0/1 接口连接 SWA 的 G1/0/23 接口，SWC 的 G0/2 接口连接 SWB 的 G1/0/23 接口。

（7）在 SWA 上划分两个 VLAN（VLAN10 和 VLAN20），并将 G1/0/23 接口和 G1/0/24 接口设置为 Trunk 模式，详细参数如表 2.3.5 所示。

表 2.3.5　SWA 的 VLAN 参数

VLAN 编号	接 口 范 围	IP 地址/接口模式
10		192.168.10.100/24
20		192.168.20.100/24
	G1/0/23	Trunk
	G1/0/24	Trunk

（8）在 SWB 上划分两个 VLAN（VLAN10 和 VLAN20），并将 G1/0/23 接口和 G1/0/24 接口设置为 Trunk 模式，详细参数如表 2.3.6 所示。

表 2.3.6　SWB 的 VLAN 参数

VLAN 编号	接 口 范 围	IP 地址/接口模式
10		192.168.10.200/24
20		192.168.20.200/24
	G1/0/23	Trunk
	G1/0/24	Trunk

（9）在 SWC 上划分两个 VLAN（VLAN10 和 VLAN20），并将 G0/1 接口和 G0/2 接口设置为 Trunk 模式，详细参数如表 2.3.7 所示。

表 2.3.7　SWC 的 VLAN 参数

VLAN 编号	接 口 范 围	接 口 模 式
10	Fa0/1～Fa0/2	Access
20	Fa0/3～Fa0/4	Access
	G0/1	Trunk
	G0/2	Trunk

（10）根据如图 2.3.10 所示的拓扑图连接好所有网络设备，并将每台计算机的 IP 地址设置为 DHCP 获取方式。

（11）在 SWA 和 SWB 上配置 HSRP 服务，使连接在二层交换机上的不同 VLAN 中的计算机实现透明的切换，从而提高网络的可靠性。

❖ **任务实施**

步骤 1：配置 SWA 的主机名称，并创建 VLAN10 和 VLAN20。

```
Switch>en
Switch#conf t
Switch(config)#hostname SWA
SWA(config)#vlan 10
SWA(config-vlan)#exit
SWA(config)#vlan 20
SWA(config-vlan)#exit
SWA(config)#
```

步骤 2：将 SWA 的 G1/0/23 接口和 G1/0/24 接口配置为 Trunk 模式。

```
SWA(config)#int range g1/0/23-24
SWA(config-if-range)#switchport trunk encapsulation dot1Q
SWA(config-if-range)#switchport mode trunk
SWA(config-if-range)#exit
SWA(config)#
```

步骤 3：开启 SWA 的路由功能，并配置 VLAN10 和 VLAN20 的 IP 地址。

```
SWA(config)#ip routing              //开启路由功能
SWA(config)#in vlan 10
SWA(config-if)#ip add 192.168.10.100 255.255.255.0
SWA(config-if)#in vlan 20
SWA(config-if)#ip add 192.168.20.100 255.255.255.0
SWA(config-if)#
```

步骤 4：配置 SWB 的主机名称，并创建 VLAN10 和 VLAN20。

```
Switch>en
Switch#conf t
Switch(config)#hostname SWB
SWB(config)#vlan 10
SWB(config-vlan)#exit
SWB(config)#vlan 20
SWB(config-vlan)#exit
SWB(config)#
```

步骤 5：将 SWB 的 G1/0/23 接口和 G1/0/24 接口配置为 Trunk 模式。

```
SWB(config)#int range g1/0/23-24
SWB(config-if-range)#switchport trunk encapsulation dot1Q
SWB(config-if-range)#switchport mode trunk
SWB(config-if)#
```

步骤 6：开启 SWB 的路由功能，并配置 VLAN10 和 VLAN20 的 IP 地址。

```
SWB(config)#ip routing                    //开启路由功能
SWB(config)#in vlan 10
SWB(config-if)#ip add 192.168.10.200 255.255.255.0
SWB(config-if)#in vlan 20
SWB(config-if)#ip add 192.168.20.200 255.255.255.0
SWB(config-if)#
```

步骤 7：配置 SWC 的主机名称，创建 VLAN10 和 VLAN20，并将 G0/1 接口和 G0/2 接口配置为 Trunk 模式。

```
Switch>en
Switch#conf t
Switch(config)#hostname SWC
SWC(config)#vlan 10
SWC(config-vlan)#vlan 20
SWC(config-vlan)#int range fa0/1-2
SWC(config-if-range)#switchport access vlan 10
SWC(config-if-range)#int range fa0/3-4
SWC(config-if-range)#switchport access vlan 20
SWC(config-if-range)#int range g0/1-2
SWC(config-if)#switchport mode trunk
SWC(config-if)#
```

步骤 8：配置 SWA 的 HSRP 冗余网关组。

```
SWA(config)#int vlan 10
//将接口加入 standby 10 组中，优先级为 110
SWA(config-if)#standby 10 priority 110
SWA(config-if)#standby 10 ip 192.168.10.254     //设置 standby 10 组的虚拟 IP 地址
SWA(config-if)#standby 10 preempt               //允许 standby 10 组的抢占功能
SWA(config-if)#standby 10 track g1/0/23          //设置 standby 10 组监控 G1/0/23 接口
SWA(config-if)#exit
SWA(config)#int vlan 20                          //进入 VLAN20 接口
//接口加入 standby 20 组中，优先级为默认值 100
SWA(config-if)#standby 20 priority 100
```

```
//设置 standby 20 组的虚拟 IP 地址
SWA(config-if)#standby 20 ip 192.168.20.254
SWA(config-if)#
```

步骤 9：配置 SWB 的 HSRP 冗余网关组。

```
SWB(config)#int vlan 10
//将接口加入 standby 10 组中，优先级为默认值 100
SWB(config-if)#standby 10  priority 100
SWB(config-if)#standby 10 ip 192.168.10.254        //设置 standby 10 组的虚拟 IP 地址
SWB(config-if)#exit
SWB(config)#int vlan 20                             //进入 VLAN20 接口
//将接口加入 standby 20 组中，优先级为 110
SWB(config-if)#standby 20 priority 110
//设置 standby 20 组的虚拟 IP 地址
SWB(config-if)#standby 20 ip 192.168.20.254
SWB(config-if)#standby 20 preempt                  //允许 standby 20 组的抢占功能
SWB(config-if)#standby 20 track g1/0/23            //设置 standby 20 组监控 G1/0/23 接口
```

步骤 10：在 SWA 上使用 show standby 命令，查看当前 HSRP 协议的工作状况。

```
SWA#show standby
Vlan10 - Group 10                          //VLAN10 组
State is Active                            //本地状态为活动状态（主设备）
Virtual IP address is 192.168.10.254       //虚拟 IP 地址
Preemption enabled                         //开启抢占模式
Priority 110 (default 100)                 //优先级，默认值为 100
Vlan20 - Group 20                          //VLAN20 组
State is Standby                           //本地状态为备份状态（备份设备）
Virtual IP address is 192.168.20.254       //虚拟 IP 地址
Preemption disabled                        //未开启抢占模式
Priority 100 (default 100)
SWA#
```

此时 SWA 反馈的信息显示，VLAN10 组的主设备是 SWA，VLAN20 组的主设备是 SWB。

❖ **任务验收**

测试计算机之间的连通性

（1）在 PC1 上选择"桌面"选项卡中的"命令提示符"选项，在弹出的"命令行"对话框中使用 ping 命令和 tracert 命令测试 PC1 与 PC2 之间的连通性，如图 2.3.11 所示。

图 2.3.11　使用 ping 和 tracert 命令测试 PC1 与 PC2 之间的连通性

（2）断开 SWC 的左边 G0/1 接口的上连线，验证计算机之间的连通性，发现此时有短暂的丢包现象，之后又恢复了连通，如图 2.3.12 所示。可以得出结论，当前网络中的所有计算机之间是连通的。需要注意的是，此时 SWA 和 SWB 上 HSRP 协议的状态由 Standby 变为 Active。

图 2.3.12　使用 ping 和 tracert 命令再次测试 PC1 与 PC2 之间的连通性

小贴士

　　网络管理员可以使用一系列 show standby 命令来检查 HSRP 协议的状态，其中有多个参数可供使用。例如，show standby brief 命令可以简单显示 HSRP 的汇总配置。网络管理员可以确认每个备用组中的本地路由器邻居。

❖ 知识链接

　　HSRP 协议是思科平台上的一种特有技术，是思科公司的私有协议。

　　HSRP 协议中含有多台路由器，对应一个 HSRP 组。该组中只有一台路由器承担转发用户流量的职责，这就是活动路由器。当活动路由器失效后，备份路由器将承担该职责，成为新的活动路由器。这就是热备份路由器协议的原理。

　　为了减少网络的数据流量，在设置完活动路由器和备份路由器后，只有活动路由器和备份路由器定时发送 HSRP 报文。如果活动路由器失效，则备份路由器将接管成为活动路由器。如果备份路由器失效或变为活动路由器，则其他路由器将被选为备份路由器。

　　在实际的一个特定的局域网中，可能有多个热备份组并存或重叠。每个热备份组模仿一台虚拟路由器工作，它有一个公共的 MAC 地址和 IP 地址。该 IP 地址、组内路由器的接口地址、计算机在同一个子网内，但是不能一样。当在一个局域网中有多个热备份组存在时，把计算机分布到不同的热备份组中，可以使负载得到分担。

❖ 任务小结

　　本活动介绍了思科公司的 HSRP 技术，它和 IEEE 的 VRRP 技术都是网关设备的冗余技术，在现代企业网络中应用广泛。HSRP 协议一般和 PVST（每个 VLAN 生成树）协议或多生成树协议（MSTP）结合，部署双核心的网络架构，不仅在很大程度上增加了网络的可靠性，也实现了负载均衡，提高了网络的工作效率。

项 目 实 训

　　某公司正在升级局域网，在保护已有的网络架构的基础上，新添加了一台核心交换机 Cisco Catalyst 3560 作为备份网关，并增加了相应的冗余链路接入 Internet。该公司局域网的拓扑图如图 2.3.13 所示。

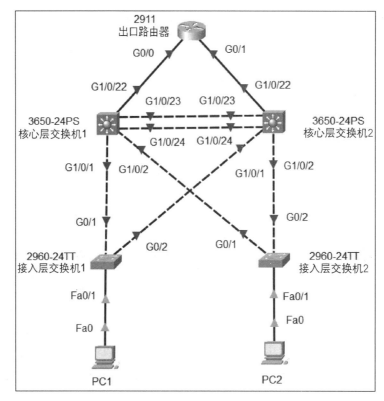

图 2.3.13 某公司局域网的拓扑图

交换机的参数配置如表 2.3.8 所示，请根据如表 2.3.8 所示的内容对交换机进行相应配置。

表 2.3.8 交换机的参数配置

交 换 机	VLAN	IP 地 址	HSRP 组	虚拟网关地址
核心层交换机 1	VLAN10	172.16.10.252/24	10	172.16.10.254/24
	VLAN20	172.16.20.252/24	20	172.16.20.254/24
核心层交换机 2	VLAN10	172.16.10.253/24	10	172.16.10.254/24
	VLAN20	172.16.20.253/24	20	172.16.20.254/24

配置要求如下：

（1）按照如图 2.3.13 所示的拓扑图，选择合适的线缆连接好所有网络设备，并设置每台计算机动态获取 IP 地址及网关。

（2）在接入层交换机上划分相应的 VLAN，并将计算机添加到 VLAN 中。

（3）在核心层交换机上配置交换机之间的链路聚合、VLAN 的网关，开启 DHCP 服务，实现 VLAN 之间的互相访问。

（4）在核心层交换机上使用 PVST 技术和 HSRP 技术做网关冗余和负载均衡，使 PC1 的数据由核心层交换机 1 转发，当核心层交换机 1 发生故障时由核心层交换机 2 转发；PC2 的数据由核心层交换机 2 转发，当核心层交换机 2 发生故障时由核心层交换机 1 转发。

（5）监控核心层交换机的上连接口和下连接口，如果发生故障，则立即切换网关设备。

项目 3

路由技术配置

项目描述

路由器是连接互联网中各局域网和广域网的不可缺少的网络设备，它会根据整个网络的通信情况自动进行路由选择，以最佳的路径，按照先后顺序给其他网络设备发送信息，从而实现信息的路由转发。目前，路由器已经广泛应用于各行各业，不同档次的产品已经成为实现各种骨干网内部连接、骨干网之间互联和骨干网与互联网互联互通业务的主力军。

本项目重点介绍模拟器中路由器的配置、路由器的基本配置、单臂路由的配置、路由器的 DHCP 配置和路由器的远程配置。

知识目标

1. 了解模拟器中路由器的配置。
2. 理解路由器的工作原理。
3. 熟悉路由器的基本配置。
4. 理解路由器远程管理的作用。
5. 理解路由器实现 DHCP 配置的方法。

能力目标

1. 能完成模拟器中路由器的配置。
2. 能熟练使用路由器的基本配置命令。
3. 能实现路由器的单臂路由配置。
4. 能实现路由器的 DHCP 配置。

5. 能实现路由器的 Telnet 配置。

6. 能实现路由器的 SSH 配置。

素质目标

1. 不仅培养读者的团队合作精神和写作能力，还培养读者的协同创新能力。

2. 不仅培养读者的交流沟通能力和独立思考能力，还培养读者严谨的逻辑思维能力，使其能够按照规范完成路由网络的基础配置。

3. 培养读者的信息素养和学习能力，使其能够运用正确的方法和技巧掌握新知识、新技能。

4. 培养读者系统分析与解决问题的能力，使其能够掌握相关知识点并完成项目任务。

思政目标

培养读者良好的职业道德和严谨的职业素养，奠定专业基础。

思维导图

任务 1 | 模拟器中路由器的配置

路由器一般提供了许多模块化功能，通过对模块的添加、更换，以支持不断提高的网络带宽和服务质量要求。为路由器添加模块就像为计算机添加一张网卡一样，可以增加网络的接口。一台路由器的模块越多，功能就越多，价格也相对越高。

❖ 任务描述

随着业务规模的扩大，海成公司购买了新的路由器，网络管理员对此并不太熟悉，因此先在 Cisco Packet Tracer 7.3 模拟器中练习如何使用。Cisco Packet Tracer 7.3 模拟器不仅提供了多款路由器供用户选择，还为路由器提供了大量的可选模块，同时提供了很好的环境。

❖ 任务分析

在默认情况下，由于在 Cisco Packet Tracer 7.3 模拟器中添加的路由器没有广域网模块，不能进行 DCE 串口线的连接，因此在完成本任务时首先要为路由器添加相关的功能性模块。

下面以型号为 2911 的路由器为例来介绍 Cisco Packet Tracer 7.3 模拟器中路由器的一些设置方法。海成公司的网络拓扑图如图 3.1.1 所示。

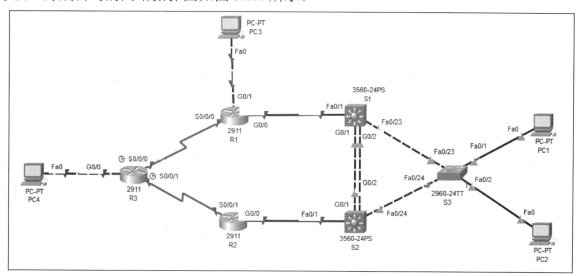

图 3.1.1　海成公司的网络拓扑图

具体要求如下：

（1）按照如表 3.1.1 所示的内容，添加相应的网络设备并更改对应的标签名称。

表 3.1.1　网络设备与标签名称

设 备 类 型	数量/台	标 签 名 称
2911 路由器	3	R1、R2、R3
3560-24PS 三层交换机	2	S1、S2
2960 二层交换机	1	S3
PC	4	PC1、PC2、PC3、PC4

（2）按照如表 3.1.2 所示的内容，使用正确的线缆连接网络设备的相应接口。

表 3.1.2　网络设备连接接口

本端设备名称	本端设备接口	对端设备名称	对端设备接口	线 缆 类 型
R1	S0/0/0	R3	S0/0/0	DCE 串口线
	G0/0	S1	Fa0/1	直通线

续表

本端设备名称	本端设备接口	对端设备名称	对端设备接口	线 缆 类 型
R2	S0/0/0	R3	S0/0/1	DCE串口线
	G0/0	S2	Fa0/1	直通线
R3	Console	PC4	RS-232	配置线
S1	G0/1	S2	G0/1	交叉线
	G0/2		G0/2	交叉线
	Fa0/23		Fa0/23	交叉线
S2	Fa0/24	S3	Fa0/24	交叉线
PC1	Fa0		Fa0/1	直通线
PC2	Fa0		Fa0/2	直通线
PC3	Fa0	R1	G0/1	交叉线
PC4	Fa0	R3	G0/0	交叉线

❖ **任务实施**

步骤1：添加网络设备。

根据如图3.1.1所示的网络拓扑图，在Cisco Packet Tracer 7.3模拟器的工作区中添加三台型号为2911的路由器、两台型号为3560-24PS的三层交换机、一台型号为2960的二层交换机和四台计算机，并调整相应位置，如图3.1.2所示。

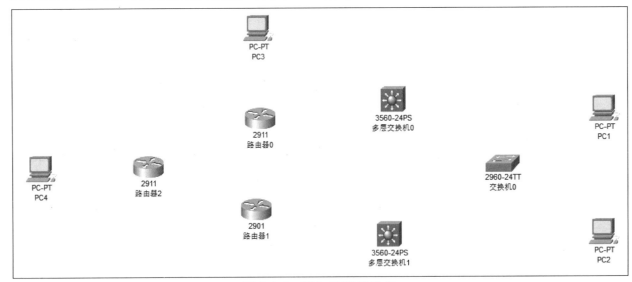

图 3.1.2 添加的网络设备

步骤2：更改各设备的标签名称，以路由器0为例。

在路由器0上单击，在打开的窗口中选择"配置"选项卡，在"显示名称"文本框中输入R1，如图3.1.3所示。

步骤3：使用同样的方法为其他设备（包括计算机）更改显示名称，如图3.1.4所示。

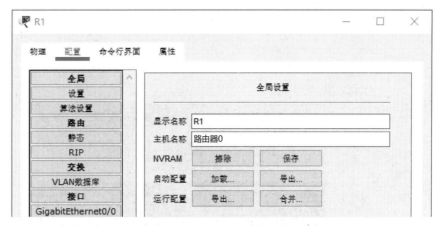

图 3.1.3 修改显示名称

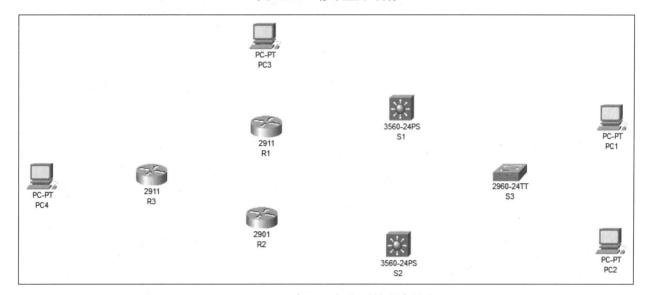

图 3.1.4 更改显示名称后的所有设备

步骤 4：在实际操作中，当为路由器添加模块时需要在断电的情况下添加，否则会损坏设备。在默认情况下，Cisco Packet Tracer 7.3 模拟器中路由器的电源是打开的，因此在添加模块前首先需要关闭路由器的电源，如图 3.1.5 所示。

步骤 5：在模块区域中寻找到所需要的模块，选中该模块，然后将其拖动到模块的添加区域即可。当添加模块时需要注意模块的形状及大小，选择正确的插槽。如图 3.1.6 所示，为 R1 添加一个 HWIC-2T 模块。

步骤 6：使用同样的方法为 R2 和 R3 分别添加一个 HWIC-2T 模块。

步骤 7：查看路由器的接口。将鼠标指针放置在工作区中的路由器图标上停留一会儿，会显示一个黄色底纹的提示信息框，如图 3.1.7 所示，可以查看到接口类型、IP 地址等信息。

步骤 8：路由器与计算机的互连通常是通过路由器的局域网接口与计算机的网卡接口进行的，如图 3.1.8 所示。

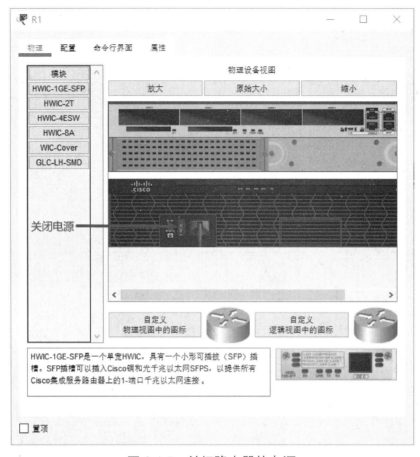

图 3.1.5 关闭路由器的电源

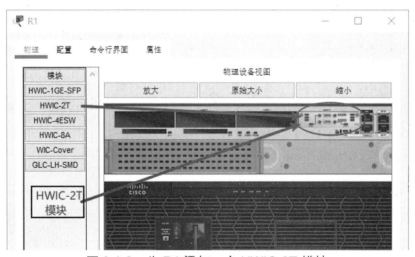

图 3.1.6 为 R1 添加一个 HWIC-2T 模块

端口	链接	VLAN	IP地址	IPv6地址	MAC地址
GigabitEthernet0/0	关闭	--	<未设置>	<未设置>	000A.F3A9.3401
GigabitEthernet0/1	关闭	--	<未设置>	<未设置>	000A.F3A9.3402
GigabitEthernet0/2	关闭	--	<未设置>	<未设置>	000A.F3A9.3403
Serial0/0/0	关闭	--	<未设置>	<未设置>	<未设置>
Serial0/0/1	关闭	--	<未设置>	<未设置>	<未设置>
Vlan1	关闭	1	<未设置>	<未设置>	0001.96BE.A665

主机名: Router

物理位置: 城际，家园城市，企业办公室，主布线室，机架

图 3.1.7 查看路由器的接口信息

小贴士

　　路由器本身就是一台没有显示器的计算机主机，在计算机与路由器直接互连时，应采用交叉线进行互连，而不能使用直通线。虽然现在市面上也存在使用直通线互连的路由器，但是在 Cisco Packet Tracer 7.3 模拟器中是不支持的。

　　步骤 9：路由器与交换机的互连通常是通过路由器的局域网接口与交换机接口进行的，如图 3.1.9 所示。

图 3.1.8　路由器与计算机互连

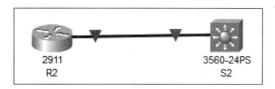

图 3.1.9　路由器与交换机互连

❖ 任务验收

　　通过上面介绍的内容，读者可以使用正确的线缆完成本任务中的所有网络设备的连接，最终效果应与图 3.1.1 一致。

❖ 知识链接

　　路由器具有非常强大的网络连接和路由功能，它可以与各种各样的网络进行物理连接，这就决定了路由器的接口技术非常复杂，越是高档的路由器，其接口种类也就越多，因为它所能连接的网络类型非常多。路由器的接口主要分为局域网接口、广域网接口和配置接口三大类。

　　路由器与路由器互连的方式有很多，因为路由器可以添加的模块有很多，所以路由器的接口类型很多，而不同类型的接口使用不同的线缆进行互连。路由器互连主要分为以下 3 种方式。

　　（1）路由器通过广域网串口互连，要使用专用的 DTE 和 DCE 串口线连接。

　　（2）路由器通过局域网以太网接口互连，一般使用双绞线进行互连，并且一定要使用交叉线进行连接，使用直通线连接是无法通信的。

　　（3）路由器的高速网络接入，通常使用光纤接入。

　　在实际的网络工程中，当需要对网络设备添加或卸下模块时，一定要先断电，再操作。

❖ 任务小结

　　本任务讲述了路由器模块添加的方法、路由器各种接口使用的线缆类型和路由器接口的标签名称的更改。由于在真实设备中添加模块与在模拟器中添加模块是有区别的，因此当有条件时，最好在真实设备上练习，熟练掌握操作方法。

任务 2 | 路由器的基本配置

路由器在网络中担任了非常重要的角色，因此，路由器的基本配置显得尤为重要。路由器的基本配置包括给设备命名、登录信息、设置接口的 IP 地址、设置特权密码和配置接口等。

❖ 任务描述

因业务发展需求，海成公司需要购买一台路由器扩展现有网络，根据公司的网络拓扑规划，网络管理员将刚刚购买的路由器经过配置后投入使用。

❖ 任务分析

网络管理员在拿到刚刚购买的路由器时，首先需要对出厂的路由器进行配置。他可以通过路由器的 Console 接口进行配置。路由器上有一个 Console 接口，从路由器接口标识中可以识别到，之后通过路由器出厂自带的配置线进行连接即可进行配置。

本任务使用一台型号为 2911 的路由器和一台计算机，利用配置线连接计算机的 RS-232 接口（COM 接口）和路由器的 Console 接口，利用交叉线连接计算机的 FastEthernet 接口（以太网接口）和路由器的 GigabitEthernet 接口。路由器的基本配置的拓扑图如图 3.2.1 所示。

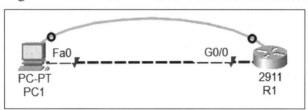

图 3.2.1　路由器的基本配置的拓扑图

❖ 任务实施

步骤 1：单击 PC1，在弹出的管理界面中选择"桌面"选项卡，进入如图 3.2.2 所示的界面，选择"终端"选项，将会弹出"终端配置"对话框。

步骤 2：在"终端配置"对话框中调整超级终端的参数，然后单击"确定"按钮，如图 3.2.3 所示。

图 3.2.2　"桌面"选项卡界面

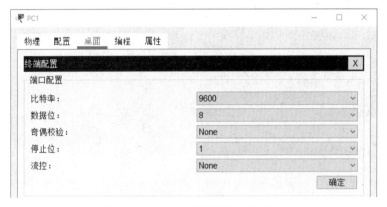

图 3.2.3　"终端配置"对话框

步骤 3：给路由器加电，超级终端会显示路由器的自检信息，当自检结束后出现如下命令提示。

```
System Bootstrap, Version 15.1(4)M4, RELEASE SOFTWARE (fc1)
Technical Support: http://www.cisco.com/techsupport
Copyright (c) 2010 by cisco Systems, Inc.
Total memory size = 512 MB - On-board = 512 MB, DIMM0 = 0 MB
CISCO2911/K9 platform with 524288 Kbytes of main memory
Main memory is configured to 72/-1(On-board/DIMM0) bit mode with ECC disabled


Readonly ROMMON initialized


program load complete, entry point: 0x80803000, size: 0x1b340
program load complete, entry point: 0x80803000, size: 0x1b340
```

```
IOS Image Load Test

_____

Digitally Signed Release Software
program load complete, entry point: 0x81000000, size: 0x3bcd3d8
Self decompressing the image :
####################################################################################
## [OK]
Smart Init is enabled
smart init is sizing iomem
TYPE MEMORY_REQ
Onboard devices &
buffer pools 0x022F6000
--------------------------------------------------
TOTAL: 0x022F6000
Rounded IOMEM up to: 36Mb.
Using 6 percent iomem. [36Mb/512Mb]
Cisco CISCO2911/K9 (revision 1.0) with 491520K/32768K bytes of memory.
Processor board ID FTX152400KS
3 Gigabit Ethernet interfaces
DRAM configuration is 64 bits wide with parity disabled.
255K bytes of non-volatile configuration memory.
249856K bytes of ATA System CompactFlash 0 (Read/Write)




--- System Configuration Dialog ---


Continue with configuration dialog? [yes/no]:
```

步骤 4：路由器都有相应的配置模式，而且切换的方法也相同。但不同的是，路由器在第一次进行配置时有配置向导，如图 3.2.4 所示。通过此配置向导，可以进行一些简单的基本配置，但是专业的网络管理员通常不采用此方式。因此，可以退出配置向导，输入 no 即可进入正常配置方式。

步骤 5：思科公司的路由器在出厂时没有定义密码，因此用户按下 Enter 键即可直接进入用户模式，可以使用权限允许范围内的命令，当需要帮助时可以随时输入?命令。输入 enable 命令，并按下 Enter 键即可进入特权模式，在特权模式下，用户拥有最大的权限，可以进行任意配置，当需要帮助时可以随时输入?命令。

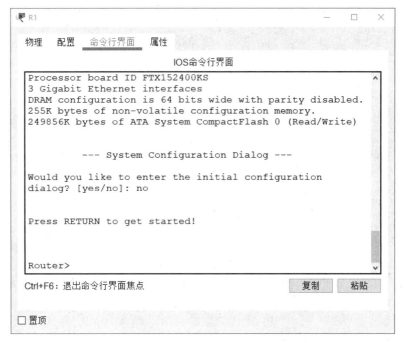

图 3.2.4　路由器配置向导界面

```
Router>?
Exec commands:
<1-99> Session number to resume
connect Open a terminal connection
disable Turn off privileged commands
disconnect Disconnect an existing network connection
enable Turn on privileged commands
exit Exit from the EXEC
logout Exit from the EXEC
ping Send echo messages
resume Resume an active network connection
show Show running system information
ssh Open a secure shell client connection
telnet Open a telnet connection
terminal Set terminal line parameters
traceroute Trace route to destination
Router>
```

步骤 6：路由器的配置模式切换。

```
Router>                              //进入用户模式
Router>enable                        //进入特权模式
Router#configure terminal            //进入全局配置模式
Router(config)#int g0/0              //进入接口配置模式
Router(config-if)#exit               //返回上一级模式
```

```
Router(config)#end                        //直接返回特权模式
Router#write                              //保存配置
Router#
```

步骤 7：为路由器命名。

```
Router#config t                           //进入全局配置模式
Router(config)#hostname R1                //将路由器命名为 R1
R1(config)#
```

步骤 8：为路由器设置时间。

```
R1#
R1#clock set 17:05:00 22 March 2021
R1#show clock
*17:5:5.882 UTC Mon Mar 22 2021
R1#
```

步骤 9：为路由器设置特权密码。

```
R1(config)#enable password cisco
R1(config)#enable secret   hello
R1(config)#
```

步骤 10：为路由器设置 Console 密码。

```
R1(config)#line console 0
R1(config-line)#password 123456
R1(config-line)#login
R1(config-line)#]
```

步骤 11：为路由器设置 Telnet 登录密码。

```
R1(config)#line vty 0 5
R1(config-line)#password 654321
R1(config-line)#login
R1(config-line)#
```

步骤 12：将所有明文密码变为密文显示。

```
R1(config)#service password-encryption
R1(config)#
```

步骤 13：配置标语。

```
R1(config)#banner motd $ Authorized Access Only!$
R1(config)#
```

步骤 14：配置路由器网络接口的 IP 地址。

```
RA#conf t
RA(config)#interface g0/0                                      //进入接口
```

```
RA(config-if)#ip address 192.168.1.254 255.255.255.0 //配置 IP 地址
RA(config-if)#no shutdown                            //开启接口
RA(config-if)#
```

小贴士

（1）超级终端中的配置是对路由器的操作，这时的计算机只是输入/输出设备。

（2）需要按照（9600，8，None，1，None）设置终端的硬件参数，否则计算机将无法配置路由器。

（3）要选择正确的计算机 COM 接口。

❖ **任务验收**

在配置完以上命令后，再次查看网络拓扑图，可以发现链路中的红色标志已经变成了绿色。这时可以为 PC1 分配一个同网段的 IP 地址（如 192.168.1.1），并设置网关为路由器 G0/0 接口的 IP 地址，并测试一下它们之间的连通性。

❖ **知识链接**

1．路由器的管理方式

路由器的管理方式可以分为带内管理和带外管理。带内管理是指网络的管理控制信息与用户网络的承载业务信息通过同一个逻辑信道传送，简而言之，就是占用业务带宽。带外管理是指网络的管理控制信息与用户网络的承载业务信息通过不同的逻辑信道传送，即设备提供了专门用于管理的带宽。目前，很多高端的交换机都带有带外网管接口，使网络管理的带宽和业务带宽完全隔离，互不影响，从而构成单独的网管网。通过 Consloe 接口管理是最常用的带外管理方式，通常用户会在首次配置交换机或无法进行带内管理时使用带外管理方式。带外管理方式也是使用频率最高的管理方式。使用带外管理时，可以采用 Windows 操作系统自带的超级终端程序来连接交换机，当然，用户也可以使用自己熟悉的终端程序。带外管理方式就是通过路由器的 Consloe 接口管理路由器的方式，该方式不占用路由器的网络接口，特点是线缆特殊，需要近距离配置。在第一次使用路由器时，必须通过 Console 接口对路由器进行配置，使其支持 Telnet 管理。带内管理的方式有 Telnet 和 Web 方式。

2．路由器的命令行操作模式

路由器的命令行操作模式主要包括用户模式、特权模式、全局配置模式。

用户模式：进入路由器后的第一个操作模式，在此模式下用户只具有底层的权限，可以查看路由器的软件和硬件的版本信息，但是不能对路由器进行配置。

特权模式：用户模式的下一级模式，在此模式下用户不仅可以对路由器的配置文件进行管理，也可以查看路由器的配置信息，还可以进行网络的测试和调试等。

全局配置模式：特权模式的下一级模式，在此模式下用户不仅可以配置路由器的全局参数，如主机名称、登录信息等，还可以进入下一级的配置模式，对路由器的具体功能进行配置。

3．热键和快捷方式

IOS CLI 提供热键和快捷方式，以便配置、监控和排除故障。

向下箭头：用于在前面使用过的命令列表中向前滚动。

向上箭头：用于在前面使用过的命令列表中向后滚动。

Tab：完成只键入了一部分的命令或关键字的其余部分。

Ctrl-A：移至行首。

Ctrl-E：移至行尾。

Ctrl-R：重新显示命令行。

Ctrl-Z：退出配置模式并返回特权模式。

Ctrl-C：退出配置模式或放弃当前的命令。

Ctrl-Shift-6：用于中断诸如 ping 或 traceroute 之类的 IOS 进程。

部分快捷方式的详细说明如下。

Tab：如果输入的缩写命令或缩写参数包含足够多的字母，已经可以和当前可用的任意其他命令或参数区分开，则可以使用 Tab 键填写该缩写命令或缩写参数剩余的部分。当已经输入足够多的字符，可以唯一确定命令或关键字时，可以按下 Tab 键，CLI 即会显示该命令或参数剩余的部分。此技巧在学习过程中很有用，因为它可以使用户看到命令或关键字的完整词语。

Ctrl-R：重新显示命令行会刷新用户刚键入的命令行。使用 Ctrl-R 可以重新显示命令行。例如，IOS 可能会在用户键入命令行的过程中向 CLI 返回一条消息。用户可以使用 Ctrl-R 刷新该命令行，这样就无须重新键入该命令行了。

在此例中，在用户键入命令行的过程中返回了一条与接口故障相关的消息。

```
Switch#show mac-
16w4d: %LINK-5-CHANGED: Interface FastEthernet0/10, changed state to down
16w4d: %LINEPROTO-5-UPDOWN: Line protocol on Interface FastEthernet0/10, changed
state to down
```

如果想要重新显示用户刚才正在键入的命令行，则可以使用 Ctrl-R，即：

```
Switch#show mac
```

Ctrl-Z：退出配置模式将离开所有配置模式并返回特权模式。因为 IOS 具有分层模式结构，有时可能发现自己处于下层的层次中，如果想要返回处于顶层的特权模式，则无须逐级退出，只要使用 Ctrl-Z 即可直接返回。

向上和向下箭头：上述命令键将调用输入过的命令历史。Cisco IOS 将用户之前键入的几个命令和字符保存在缓冲区中，以供用户重新调用。缓冲区消除了重复键入命令的必要。

用户可以使用特定的按键序列以在这些保存在缓冲区中的命令之间滚动。向上箭头键（Ctrl-P）用于显示输入过的前一个命令。每次按下此键时，将依次显示较早输入的一条命令。向下箭头键（Ctrl-N）用于依次显示命令历史记录中较晚输入的一条命令。

Ctrl-Shift-6：Escape 序列会中断所有正在运行的进程。当从 CLI 启动一个 IOS 进程（如 ping 或 traceroute）后，该命令会运行到完成或被中断为止。当该进程正在运行时，CLI 无响应。如果想要中断输入并与 CLI 交互，则可以按下 Ctrl-Shift-6。

Ctrl-C：用于中断命令输入并退出配置模式。这在输入需要撤销的命令时很有用。

缩写命令或缩写参数：命令和关键字可以缩写为可唯一确定该命令或关键字的最短字符数。例如，configure 命令可以缩写为 conf，因为 configure 是唯一一个以 conf 开头的命令，不能缩写为 con，因为以 con 开头的命令不只一个。

关键字也可以缩写。例如，Switch# show interfaces 可以缩写为 Switch# show int 或 Switch# sh int。

❖ 任务小结

本任务重点介绍了路由器的基本设置方法，掌握基础知识很重要，因此读者要多练习，加以熟练，否则在后面使用时很难得心应手。

任务 3 | 单臂路由的配置

❖ 任务描述

海成公司的网络管理员在对部门划分了 VLAN 后，发现两个部门的计算机之间无法进行通信，但是有时两个部门的员工之间需要进行通信，因此，网络管理员现在需要通过简单的方法来实现此功能。

❖ 任务分析

通过在交换机上划分适当数目的 VLAN，不仅能有效隔离广播风暴，还能提高网络安全性及网络带宽的利用效率。在划分 VLAN 后，VLAN 与 VLAN 之间是不能进行通信的，但是使用路由器的单臂路由功能可以解决这个问题。

下面利用实验来介绍路由器的单臂路由功能的应用及配置方法。配置路由器的单臂路由功能的拓扑图如图 3.3.1 所示。

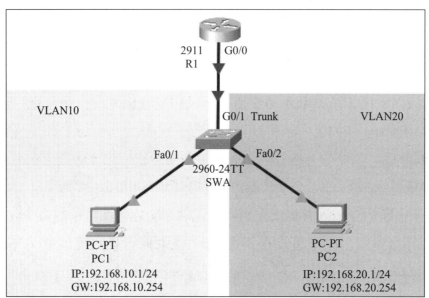

图 3.3.1　配置路由器的单臂路由功能的拓扑图

具体要求如下：

（1）添加一台型号为 2911 的路由器、一台型号为 2960-24TT 的交换机和两台计算机，并为两台计算机配置如图 3.3.1 所示的 IP 地址和网关。

（2）连接好所有网络设备，将 PC1 和 PC2 分别接入交换机的 Fa0/1 接口和 Fa0/2 接口，将交换机的 G0/1 接口与路由器的 G0/0 接口相连。

（3）在交换机上划分两个 VLAN，PC1 和 PC2 分别处于不同 VLAN 中。

（4）在路由器上配置单臂路由实现两台计算机之间能正常通信。

❖ 任务实施

步骤 1：在 SWA 上配置主机名称，创建 VLAN10 和 VLAN20，并将 Fa0/1 接口加入 VLAN10 中，将 Fa0/2 接口加入 VLAN20 中。

```
Switch>enable
Switch#conf t
Switch(config)#host SWA
SWA(config)#vlan 10
SWA(config-vlan)#vlan 20
SWA(config-vlan)#exit
SWA(config)#int fa0/1
```

```
SWA(config-if)#switchport access vlan 10
SWA(config-if)#int fa0/2
SWA(config-if)#switchport access vlan 20
SWA(config-if)#
```

步骤 2：在 SWA 上，将 G0/1 接口配置为 Trunk 模式。

```
SWA(config-if)#int g0/1
SWA(config-if)#switchport mode trunk
SWA(config-if)#
```

步骤 3：R1 的配置如下。

```
Router>enable
Router#conf t
Router(config)#host R1
R1(config)#int g0/0
R1(config-if)#no shutdown
R1(config-if)#no ip address
R1(config-if)#int g0/0.1                         //配置子接口 1
R1(config-subif)#encapsulation dot1Q 10          //封装 802.1Q 协议
R1(config-subif)#ip add 192.168.10.254 255.255.255.0
R1(config-subif)#no shutdown
R1(config-subif)#int g0/0.2
R1(config-subif)#encapsulation dot1Q 20
R1(config-subif)#ip add 192.168.20.254 255.255.255.0
R1(config-subif)#no shutdown
```

小贴士

（1）此时在以太网接口 Fa0/0 中不要配置 IP 地址，因为这种情况下的物理接口在配置封装后仅仅作为一个二层的链路通道存在，而不具备三层路由接口的功能。

（2）路由器中一定要创建两个 VLAN 才能进行后续配置。

（3）在测试时不可以使用 VLAN1 的成员进行测试，单臂路由不可以使用 Trunk 类型的接口与主 VLAN 成员连通。

❖ **任务验收**

测试连通性。在 PC1 上 ping PC2 的 IP 地址，显示网络已经连通，如图 3.3.2 所示。

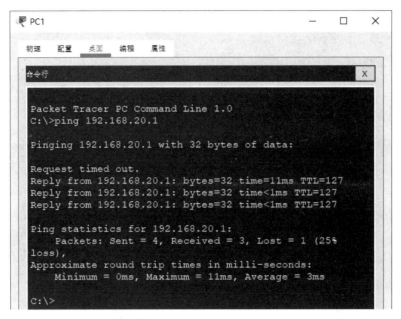

图 3.3.2　在 PC1 上使用 ping 命令测试其与 PC2 之间的连通性

❖ **知识链接**

单臂路由，即在路由器上设置多个逻辑子接口，每个子接口对应一个 VLAN。每个子接口的数据在物理链路上传递时都要标记封装。对于路由器的接口，在支持子接口的同时，还必须支持 Trunk 功能。

当使用单臂路由器配置 VLAN 间路由时，路由器的物理接口必须与相邻交换机的 Trunk 链路相连。在路由器上，子接口是为网络上每个唯一 VLAN 创建的。每个子接口会分配专属于其子网 VLAN 的 IP 地址，这样也便于为该 VLAN 标记帧。这样，路由器可以在流量通过 Trunk 链路返回交换机时区分不同子接口的流量。

路由器一般是基于软件处理方式来实现路由的，存在一定的延时，难以达到线速交换。所以，随着 VLAN 通信流量的增加，路由器将成为通信的瓶颈，因此，单臂路由适用于通信流量较少的情况。

配置子接口的封装类型和所属 VLAN，使用的命令如下：

```
Router(config)#int g0/0
Router(config-if)#no shutdown
Router(config-if)#no ip address
Router(config-if)#int g0/0.1          //进入 G0/0.1 子接口
//封装 Trunk 协议 dot1Q，10 为 VLAN 号
Router(config-subif)#encapsulation dot1Q 10
```

❖ 任务小结

本任务重点介绍了使用路由器实现不同 VLAN 之间的互相通信，在实现过程中，重点理解子接口的概念。单臂路由适用于通信流量比较少的情况，如果通信流量比较多，则容易产生瓶颈，造成网络瘫痪。

任务 4　路由器的 DHCP 配置

❖ 任务描述

海成公司的总经理发现自己的计算机出现了"IP 地址冲突"问题，并且连接不上网络，于是找来网络管理员解决这个问题。网络管理员认为这是有些员工擅自修改 IP 地址导致的，可以通过现有的路由器使用 DHCP 技术来解决这个问题。

❖ 任务分析

网络管理员为每台计算机手动分配一个 IP 地址，这样会大大增加网络管理员的负担，也容易导致 IP 地址分配错误，那么有什么办法既能减少网络管理员的工作量、减小输入错误的可能性，又能避免 IP 地址冲突呢？网络管理员的想法非常正确，使用 DHCP 技术可以在不需要增加硬件的情况下实现目的。

下面利用实验来介绍路由器的 DHCP 配置的方法及应用。路由器的 DHCP 配置的拓扑图如图 3.4.1 所示。

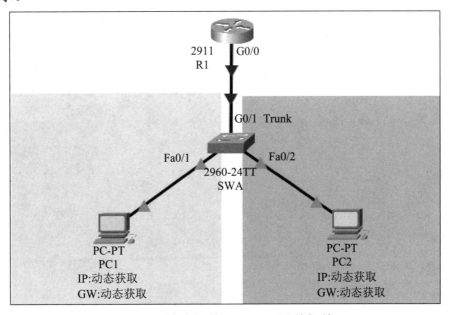

图 3.4.1　路由器的 DHCP 配置的拓扑图

具体要求如下：

（1）添加一台型号为 2911 的路由器、一台型号为 2960-24TT 的交换机和两台计算机。

（2）连接好所有网络设备，将 PC1 和 PC2 分别接入交换机的 Fa0/1 接口和 Fa0/2 接口，将交换机的 G0/1 接口与路由器的 G0/0 接口相连。

（3）根据如图 3.4.1 所示的拓扑图，将每台计算机的 IP 地址设置为 DHCP 获取方式。

（4）在路由器上开启 DHCP 服务，并设置保留 IP 地址，使连接在不同交换机上的计算机获得相应的 IP 地址等信息，最终实现全网互通，详细参数如表 3.4.1 所示。

表 3.4.1　路由器和计算机的 IP 地址等信息

设　　备	接　　口	IP 地址	子 网 掩 码	默 认 网 关
R1	G0/0	192.168.1.254	255.255.255.0	无
PC1	Fa0/1	DHCP 自动获取	DHCP 自动获取	DHCP 自动获取
PC2	Fa0/2	DHCP 自动获取	DHCP 自动获取	DHCP 自动获取

❖ 任务实施

步骤 1：交换机的基本配置。

交换机为二层设备，无须配置 IP 地址，只需要修改主机名称即可。

```
Switch>enable
Switch#config t
Switch(config)#hostname SWA
SWA(config)#exit
SWA#write
SWA#
```

步骤 2：为 R1 设置主机名称和接口 IP 地址。

```
Router>enable                          //进入特权模式
Router#config terminal                 //进入全局配置模式
Router(config)##hostname R1            //修改主机名称
Router(config)##interface g0/0         //进入接口配置模式
R1(config-if)#ip address 192.168.1.254 255.255.255.0 //配置 IP 地址
R1(config-if)#no shutdown
R1(config-if)#^Z                       //按下 Ctrl+Z 组合键进入特权模式
R1#
```

步骤 3：DHCP 服务器的配置。

```
R1#configure terminal
R1(config)#service dhcp                //启动 DHCP 服务
```

```
//设置保留的IP地址
R1(config)#ip dhcp excluded-address 192.168.1.101 192.168.1.150
R1(config)#ip dhcp pool 1          //定义IP地址池
R1(dhcp-config)#network 192.168.1.0 255.255.255.0//定义网络号
R1(dhcp-config)#default-router 192.168.1.254      //定义默认网关
R1(dhcp-config)#dns-server 8.8.8.8
R1(dhcp-config)#end
R1#write
R1#
```

❖ **任务验收**

1. 验证计算机获得的 IP 地址

（1）单击 PC1，在打开的 PC1 管理界面中选择"桌面"→"IP 配置"选项，在弹出的"IP 配置"对话框中选中"DHCP"单选按钮，设置 PC1 的 IP 地址为动态获取，则 PC1 可以获得 IP 地址，如图 3.4.2 所示。

图 3.4.2 DHCP 验证效果

（2）使用同样的方法，为另一台计算机设置 DHCP 方式获取 IP 地址，并查看计算机所获取的 IP 地址等信息，最后得到的内容如表 3.4.2 所示。

表 3.4.2 计算机获取的 IP 地址等信息

计 算 机	IP 地 址	子 网 掩 码	默 认 网 关	DNS 服务器地址
PC1	192.168.1.1	255.255.255.0	192.168.1.254	8.8.8.8
PC2	192.168.1.2	255.255.255.0	192.168.1.254	8.8.8.8

2. 在路由器上验证配置

```
R1#show ip dhcp binding
IP address          Client-ID/          Lease expiration      Type
```

```
                Hardware address
192.168.1.1     0090.2B78.86B6          --          Automatic
192.168.1.2     0002.163D.AB89          --          Automatic
R1#
```

❖ 任务小结

本任务介绍了路由器的 DHCP 服务，可以使下连的计算机通过交换机获取 IP 地址、子网掩码、默认网关和 DNS 服务器地址。当一个网络中计算机数量庞大时，使用 DHCP 服务可以很方便地为每台计算机配置好相应的 IP 地址，从而减轻网络管理员分配 IP 地址的工作量。

任务 5 | 路由器的远程配置

❖ 任务描述

在组建局域网时，海成公司就已经对公司的网络设备进行了基本配置，现在全部接入网络，投入使用。为了方便对网络设备进行维护，现在需要配置其远程访问功能，以便远程管理。

❖ 任务分析

Telnet 协议是用于终端访问的常用协议，但 Telnet 协议不是访问网络设备的安全方法，这是因为它在网络上是以明文形式发送所有通信的。

SSH 协议提供与 Telnet 协议相同类型的访问，但是增加了安全性。SSH 客户端和 SSH 服务器之间的通信是加密的。

下面利用实验来介绍路由器的远程配置的方法及应用。路由器的远程配置的拓扑图如图 3.5.1 所示。

具体要求如下：

（1）添加一台型号为 2911 的路由器、一台型号为 2960-24TT 的交换机和两台计算机，并将标签名分别更改为 R1、SWA、PC1 和 PC2，将交换机的名称设置为 R1、SWA、PC1 和 PC2。

（2）SWA 的 Fa0/1 接口连接 PC1 的 Fa0 接口，SWA 的 Fa0/2 接口连接 PC2 的 Fa0 接口，SWA 的 G0/1 接口连接 R1 的 G0/0 接口。

（3）根据如图 3.5.1 所示的拓扑图连接好所有网络设备，并设置计算机的 IP 地址和子网掩码。

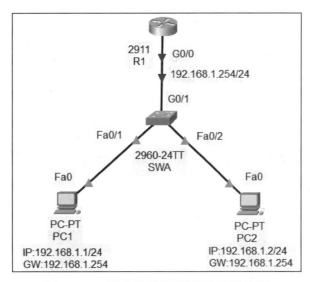

图 3.5.1 路由器的远程配置的拓扑图

（4）在 R1 上，在 vty 0～4 线路配置 Telnet 远程管理，并使用 PC1 对其进行验证；在 vty 5～15 线路配置 SSH 远程管理，并使用 PC2 对其进行验证。

❖ **任务实施**

1. 配置通过 Telnet 登录路由器

步骤 1：设置 R1 的主机名称和接口 IP 地址。

```
Router>enable
Router#configure terminal
Router(config)#hostname R1
R1(config)#int g0/0
R1(config-if)#ip add 192.168.1.254 255.255.255.0
R1(config-if)#no shut
R1(config-if)#
```

步骤 2：设置特权模式密码。

```
R1(config)#enable secret 123456      //设置特权模式密码
R1(config)#
```

步骤 3：配置 Telnet 登录的用户名和密码。在默认情况下，路由器已经开启了 Telnet 管理方式，但是不允许远程登录，因此还需要进行如下配置：

```
//定义 Telnet 的用户名为 admin，密码为 cisco
R1(config)#username admin password cisco
R1(config)#line vty 0 4            //设定虚拟终端连接数为 5
R1(config-line)#login local       //配置要求本地登录
R1(config-line)#
```

步骤 4：设置 PC1 的 IP 地址。打开 PC1 的管理界面，在"桌面"选项卡中选择"IP 配置"选项，在弹出的"IP 配置"对话框中选中"静态"单选按钮，并设置 PC1 的 IP 地址为192.168.1.1，子网掩码为 255.255.255.0，默认网关为 192.168.1.254，如图 3.5.2 所示。

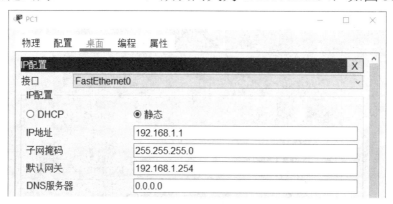

图 3.5.2　"IP 配置"对话框

2. 配置通过 SSH 登录路由器

SSH 功能有 SSH 服务器和 SSH 客户端，后者是在路由器上运行的应用程序。可以使用在计算机上运行的任意 SSH 客户端或在交换机上运行的 Cisco SSH 客户端来连接 SSH 服务器。

对于服务器组件，路由器同样支持 SSHv1 协议或 SSHv2 协议。

步骤 1：配置 SSH 服务器。

```
R1(config)#ip domain-name abc.com    //配置路由器所在的域名为 abc.com
R1(config)#line vty 5 15             //设定虚拟终端连接数为 11
R1(config-line)#transport input ssh//配置只允许远程连接 SSH 服务器
R1(config-line)#login local          //配置要求本地登录
R1(config-line)#exit
R1(config)#crypto key generate rsa
The name for the keys will be: R1.abc.com
Choose the size of the key modulus in the range of 360 to 2048 for your
General Purpose Keys. Choosing a key modulus greater than 512 may take
a few minutes.

How many bits in the modulus [512]: 1024
% Generating 1024 bit RSA keys, keys will be non-exportable...[OK]
```

步骤 2：配置 SSH 服务器的版本为第 2 版。

```
R1(config)#ip ssh version 2
R1(config)#exit
R1#write                             //保存配置
R1#
```

步骤 3：设置 PC2 的 IP 地址。打开 PC2 的管理界面，在"桌面"选项卡中选择"IP 配置"选项，在弹出的"IP 配置"对话框中选中"静态"单选按钮，并设置 PC2 的 IP 地址为 192.168.1.2，子网掩码为 255.255.255.0，默认网关为 192.168.1.254，如图 3.5.3 所示。

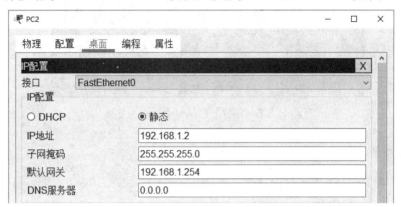

图 3.5.3　设置 PC2 的 IP 地址、子网掩码和默认网关

❖ **任务验收**

1. 测试路由器的 Telnet 服务

（1）测试 PC1 与路由器之间的连通性。

选择 PC1 管理界面中"桌面"选项卡中的"命令提示符"选项，在弹出的"命令行"对话框中使用 ping 命令进行测试，输入 ping 192.168.1.254 命令，然后按下 Enter 键，如图 3.5.4 所示。

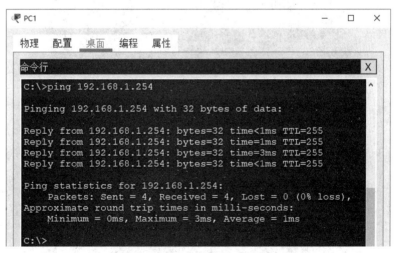

图 3.5.4　测试 PC1 与路由器之间的连通性

（2）测试路由器的 Telnet 服务。

选择 PC1 管理界面中"桌面"选项卡中的"命令提示符"选项，在弹出的"命令行"对话框中输入 telnet 192.168.1.254 命令进行测试，执行效果如图 3.5.5 所示。

图 3.5.5　使用 Telnet 登录路由器

2．测试路由器的 SSH 服务

（1）测试 PC2 与路由器之间的连通性。

选择 PC2 管理界面中"桌面"选项卡中的"命令提示符"选项，在弹出的"命令行"对话框中使用 ping 命令进行测试，输入 ping 192.168.1.254 命令，然后按下 Enter 键，如图 3.5.6 所示。

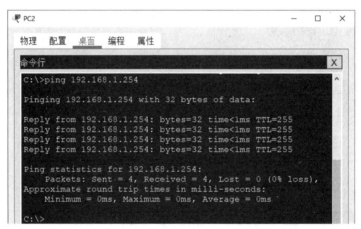

图 3.5.6　测试 PC2 与路由器之间的连通性

（2）测试路由器的 SSH 服务。

选择 PC2 管理界面中"桌面"选项卡中的"命令提示符"选项，在弹出的"命令行"对话框中输入 ssh -l admin 192.168.1.254 命令进行测试，执行效果如图 3.5.7 所示。

图 3.5.7　使用 SSH 登录路由器

❖ **知识链接**

远程访问思科网络设备的 VTY 接口有两种选择：Telnet 协议与 SSH 协议。

Telnet 协议是早期型号的 Cisco 路由器上支持的方法。Telnet 协议是用于终端访问的常用协议，这是因为大部分最新的操作系统都附带内置的 Telnet 客户端。但是 Telnet 协议不是访问网络设备的安全方法，因为它在网络上是以明文形式发送所有通信的。攻击者使用网络监视软件可以读取 Telnet 客户端和 Cisco 路由器的 Telnet 服务器之间发送的每一个字符。由于 Telnet 协议存在安全性问题，因此 SSH 协议成为用于远程访问 Cisco 设备虚拟终端线路的首选协议。

SSH 协议提供与 Telnet 协议相同类型的访问，但是增加了安全性。SSH 客户端和 SSH 服务器之间的通信是加密的。SSH 协议已经有多个版本，Cisco 设备目前支持 SSHv1 协议和 SSHv2 协议。建议尽可能实施 SSHv2 协议，因为它使用了比 SSHv1 协议更强的安全加密算法。

❖ **任务小结**

本任务介绍了如何在路由器上实现 Telnet 服务和 SSH 服务，在很大程度上方便了网络管理员的工作，但是在实际工作中使用 SSH 协议更多一些，因为 Telnet 协议是以明文形式传输的，而 SSH 协议是以密文形式传输的，所以 SSH 协议相对于 Telnet 协议来说更安全。

项 目 实 训

某公司的网络规模很小，只有 3 个 VLAN，分别为 VLAN10、VLAN20 和 VLAN30，该公司的网络拓扑图如图 3.5.8 所示。要求实现全网互通，VLAN30 是动态获取 IP 地址的，并能在 PC1 上实现远程访问公司的路由器和交换机。

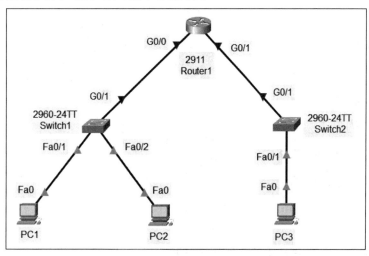

图 3.5.8　某公司的网络拓扑图

项目 4

路由协议配置

项目描述

　　路由器提供了异构网互联的机制，可以实现将一个网络的数据包发送到另一个网络。而路由就是指导 IP 数据包发送的路径信息。路由协议就是在路由指导 IP 数据包发送过程中事先约定好的规定和标准。路由协议通过在路由器之间共享路由信息来支持可路由协议。路由信息在相邻路由器之间传递，确保所有路由器知道到其他路由器的路径。总之，路由协议创建了路由表，描述了网络拓扑结构；路由协议与路由器协同工作，执行路由选择和数据包转发功能。在实际应用中，路由器通常连接许多不同的网络，如果想要实现多个不同网络之间的通信，则需要在路由器上配置路由协议。

　　本项目重点介绍静态路由的配置、默认路由与浮动静态路由的配置、动态路由 RIPv2 协议的配置、动态路由 EIGRP 协议的配置和动态路由 OSPF 协议的配置。

知识目标

1. 了解路由表的产生方式。
2. 了解静态路由的作用。
3. 理解静态路由和动态路由的区别。
4. 理解静态路由的工作原理。
5. 理解默认路由及浮动静态路由的作用。
6. 熟悉各种路由协议的应用场合。

能力目标

1. 能实现路由器和三层交换机的静态路由的配置。

2. 能实现路由器和三层交换机的默认路由与浮动静态路由的配置。

3. 能实现路由器和三层交换机的动态路由 RIPv2 协议的配置。

4. 能实现路由器和三层交换机的动态路由 EIGRP 协议的配置。

5. 能实现路由器和三层交换机的动态路由 OSPF 协议的配置。

素质目标

1. 不仅培养读者的团队合作精神和写作能力，还培养读者的协同创新能力。

2. 不仅培养读者的交流沟通能力和独立思考能力，还培养读者严谨的逻辑思维能力，使其能够正确地处理路由网络中的问题。

3. 培养读者的信息素养和学习能力，使其能够运用正确的方法和技巧掌握新知识、新技能。

4. 培养读者系统分析与解决问题的能力，使其能够掌握相关知识点并完成项目任务。

思政目标

培养读者良好的职业道德和严谨的职业素养，使其在处理网络故障时可以做到一丝不苟。

思维导图

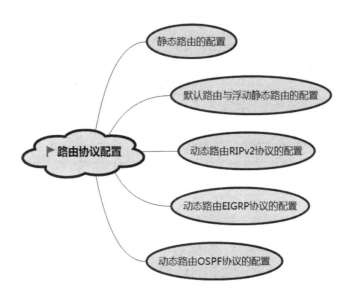

任务 1　静态路由的配置

静态路由是指由网络管理员手动配置的路由信息。当网络的拓扑结构或链路状态发生变化时，网络管理员需要手动修改路由表中的静态路由信息。在默认情况下，静态路由信息不会传递给其他路由器。静态路由一般适用于比较简单的网络环境。

❖ **任务描述**

海成公司刚刚成立，该公司的网络规模很小，只有两台路由器和一台三层交换机。该公司的网络管理员经过考虑，决定在公司的路由器、交换机与运营商路由器之间使用静态路由，实现网络的互联。

❖ **任务分析**

由于该网络规模较小且不经常变动，因此使用静态路由比较合适。两台路由器之间通过以太网接口相连，每台路由器连接一台计算机。

下面以两台型号为 2911 的路由器和一台型号为 3650-24PS 的三层交换机来模拟网络，使读者可以学习和掌握静态路由的设置方法。配置静态路由的拓扑图如图 4.1.1 所示。

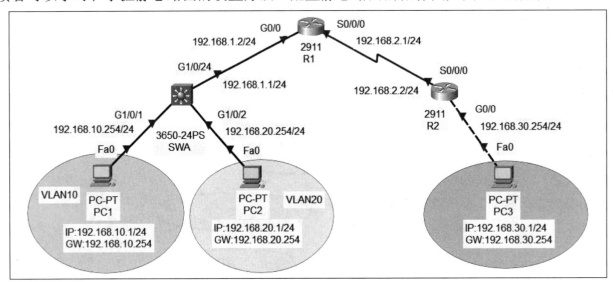

图 4.1.1　配置静态路由的拓扑图

具体要求如下：

（1）添加三台计算机，并将标签名分别更改为 PC1、PC2 和 PC3。

（2）添加两台型号为 2911 的路由器，并将标签名分别更改为 R1 和 R2，路由器的名称分别设置为 R1 和 R2。

（3）为 R1 和 R2 添加 HWIC-2T 模块，并均添加在 S0/0/0 接口位置。

（4）添加一台型号为 3650-24PS 的三层交换机，并添加 AC-POWER-SUPPLY 电源模块，用于为设备供电；将三层交换机的标签名更改为 SWA，名称设置为 SWA。

（5）PC1 连接 SWA 的 G1/0/1 接口，PC2 连接 SWA 的 G1/0/2 接口，PC3 连接 R2 的 G0/0 接口，SWA 的 G1/0/24 接口连接 R1 的 G0/0 接口，R1 的是 S0/0/0 接口连接 R2 的 S0/0/0 接口。

（6）各路由器和交换机的接口及其 IP 地址和子网掩码如表 4.1.1 所示。

表 4.1.1　各路由器和交换机的接口及其 IP 地址和子网掩码

设 备 名	接　　口	IP 地址/子网掩码
R1	G0/0	192.168.1.2/24
	S0/0/0	192.168.2.1/24
R2	S0/0/0	192.168.2.2/24
	G0/0	192.168.30.254/24
SWA	G1/0/1（SVI10）	192.168.10.254/24
	G1/0/2（SVI20）	192.168.20.254/24
	G1/0/24	192.168.1.1/24

（7）根据如图 4.1.1 所示的拓扑图连接好所有网络设备，并设置每台计算机的 IP 地址、子网掩码和默认网关，如表 4.1.2 所示。

表 4.1.2　计算机的 IP 地址、子网掩码和默认网关

计 算 机	IP 地址	子 网 掩 码	默 认 网 关
PC1	192.168.10.1	255.255.255.0	192.168.10.254
PC2	192.168.20.1	255.255.255.0	192.168.20.254
PC3	192.168.30.1	255.255.255.0	192.168.30.254

（8）在两台路由器和一台交换机之间添加静态路由以实现全网互通。

❖ **任务实施**

步骤 1：配置 SWA 的主机名称及其接口 IP 地址。

```
Switch>enable
Switch#conf t
Switch(config)#hostname SWA
SWA(config)#ip routing
SWA(config)#vlan 10
SWA(config-vlan)#vlan 20
SWA(config-vlan)#exit
SWA(config)#int g1/0/1
SWA(config-if)#switchport access vlan 10
SWA(config-if)#int g1/0/2
SWA(config-if)#switchport access vlan 20
SWA(config-if)#int g1/0/24
SWA(config-if)#no switchport
SWA(config-if)#ip add 192.168.1.1 255.255.255.0
SWA(config-if)#int vlan 10
```

```
SWA(config-if)#ip add 192.168.10.254 255.255.255.0
SWA(config-if)#int vlan 20
SWA(config-if)#ip add 192.168.20.254 255.255.255.0
SWA(config-if)#end
SWA#
```

步骤2：配置 R1 的主机名称及其接口 IP 地址。

```
Router>enable
Router#conf t
Router(config)#hostname R1
R1(config)#int g0/0
R1(config-if)#ip add 192.168.1.2 255.255.255.0
R1(config-if)#no shut
R1(config-if)#int s0/0/0
R1(config-if)#clock rate 64000
R1(config-if)#ip add 192.168.2.1 255.255.255.0
R1(config-if)#no shut
R1(config-if)#end
R1#
```

步骤3：配置 R2 的主机名称及其接口 IP 地址。

```
Router>en
Router#conf t
Router(config)#hostname R2
R2(config)#int g0/0
R2(config-if)#ip add 192.168.30.254 255.255.255.0
R2(config-if)#no shut
R2(config-if)#int s0/0/0
R2(config-if)#ip add 192.168.2.2 255.255.255.0
R2(config-if)#no shut
R2(config-if)#end
R2#
```

步骤4：在 SWA 上配置静态路由。

```
SWA(config)#ip route 192.168.2.0 255.255.255.0 192.168.1.2
SWA(config)#ip route 192.168.30.0 255.255.255.0 192.168.1.2
SWA(config)#exit
write
SWA#
```

步骤 5：在 R1 上配置静态路由。

```
R1(config)#ip route 192.168.10.0 255.255.255.0 192.168.1.1
R1(config)#ip route 192.168.20.0 255.255.255.0 192.168.1.1
R1(config)#ip route 192.168.30.0 255.255.255.0 192.168.2.2
R1(config)#exit
R1#write
R1#
```

步骤 6：在 R2 上配置静态路由。

```
R2(config)#ip route 192.168.1.0 255.255.255.0 192.168.2.1
R2(config)#ip route 192.168.10.0 255.255.255.0 192.168.2.1
R2(config)#ip route 192.168.20.0 255.255.255.0 192.168.2.1
R2(config)#exit
R2#write
R2#
```

❖ 任务验收

1. 查看 SWA 的路由表

```
SWA#show ip route
…
Gateway of last resort is not set

C    192.168.1.0/24 is directly connected, GigabitEthernet1/0/24
S    192.168.2.0/24 [1/0] via 192.168.1.2
C    192.168.10.0/24 is directly connected, Vlan10
C    192.168.20.0/24 is directly connected, Vlan20
S    192.168.30.0/24 [1/0] via 192.168.1.2
SWA#
```

2. 测试网络的连通性

在 PC1 上 ping PC2 和 PC3 的 IP 地址，显示网络已经连通，如图 4.1.2 所示。

小贴士

（1）在配置静态路由时，必须双向配置才能连通。

（2）非直连的网段都要配置静态路由。

（3）两台路由器如果使用串口连接，则必须将其中一端设置为 DCE 端。

图 4.1.2　网络的连通性测试效果

❖ **知识连接**

1．路由表的产生方式

路由器或三层交换机在转发数据时，首先需要在路由表中查找相应的路由。路由表的产生方式有如下 3 种。

（1）直连网络：路由器或三层交换机自动添加和自己直接连接的网络路由。

（2）静态路由：由网络管理员手动配置的路由信息。当网络的拓扑结构或链路发生变化时，需要网络管理员手动修改路由表中的相关路由信息。

（3）动态路由：由路由协议动态产生的路由。

2．静态路由的优缺点

静态路由的优点：使用静态路由的好处是网络安全且保密性高。动态路由因为需要在路由器之间频繁地交换各自的路由表，而对路由表的分析可以揭示网络的拓扑结构和网络地址等信息。因此，出于网络安全方面的考虑可以采用静态路由。

静态路由的缺点：大型和复杂的网络环境通常不宜采用静态路由。一方面，网络管理员难以全面地了解整个网络的拓扑结构；另一方面，当网络的拓扑结构和链路状态发生变化时，路由器中的静态路由信息需要大范围地进行调整，这项工作的难度和复杂程度非常高。

在小型网络中，使用静态路由是比较好的选择。而当管理员想要控制数据转发路径时，也可以使用静态路由。

静态路由的配置命令如下：

```
ip route 目的网络的 IP 地址 子网掩码 下一跳 IP 地址/本地接口
```

在三层交换机上配置接口 IP 地址的方法如下：

```
SWA(config)#ip routing                //开启路由功能
SWA(config-if)#int g1/0/1
SWA(config-if)#no switchport          //关闭接口的交换功能
SWA(config-if)#ip add 192.168.1.1 255.255.255.0
或
SWA(config)#ip routing                //开启路由功能
SWA(config)#vlan 10
SWA(config)#int g1/0/1
SWA(config-if)#switchport access vlan 10
SWA(config-if)#int vlan 10            //配置SVI虚拟接口
SWA(config-if)#ip add 192.168.1.1 255.255.255.0
```

❖ 任务小结

本任务介绍了路由器和三层交换机之间如何实现静态路由。需要注意的是，在添加静态路由时非直连网段也需要进行配置。静态路由开销小，但是不灵活，只适用于相对稳定的网络。在小型网络中，静态路由是不错的选择，但是对于大型和中型网络来说，静态路由就不适用了。

任务 2 | 默认路由与浮动静态路由的配置

❖ 任务描述

随着业务规模的不断扩大，海成公司现有北京总部和天津分部两个办公地点，分部计算机与总部计算机之间使用路由器互连。经过考虑，该公司的网络管理员决定在总部和分部之间的路由器上配置默认路由和浮动静态路由，从而提高链路的可用性，使所有计算机能够互相访问。

❖ 任务分析

北京总部和天津分部之间的路由器分别为 R1 和 R2，需要在路由器上配置默认路由和浮动路由，以提高链路的可用性，使所有计算机能够互相访问。配置浮动静态路由实现当总部与分部之间的互连主链路断开时，可以通过备份链路互连。

下面以两台型号为 2911 的路由器来模拟网络，使读者可以学习和掌握默认路由与浮动静态路由的设置方法。配置默认路由与浮动静态路由的拓扑图如图 4.2.1 所示。

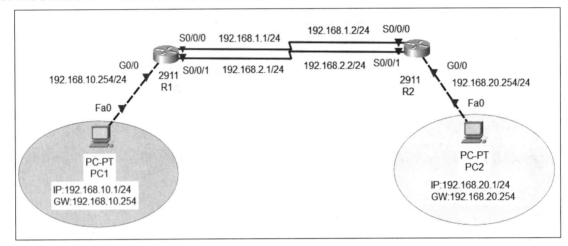

图 4.2.1　配置默认路由与浮动静态路由的拓扑图

具有要求如下：

（1）添加两台计算机，并将标签名分别更改为 PC1 和 PC2。

（2）添加两台型号为 2911 的路由器，并将标签名分别更改为 R1 和 R2，路由器的名称分别设置为 R1 和 R2。

（3）为 R1 和 R2 添加 HWIC-2T 模块，分别添加在各自的 S0/0/0 接口和 S0/0/1 接口位置。

（4）PC1 连接 R1 的 G0/0/0 接口，PC2 连接 R2 的 G0/0/0 接口，R1 的 S0/0/0 接口连接 R2 的 S0/0/0 接口，R1 的 S0/0/1 接口连接 R2 的 S0/0/1 接口。

（5）路由器的接口及其 IP 地址和子网掩码如表 4.2.1 所示。

表 4.2.1　路由器的接口及其 IP 地址和子网掩码

设 备 名	接　口	IP 地址/子网掩码
R1	S0/0/0	192.168.1.1/24
	S0/0/1	192.168.2.1/24
	G0/0	192.168.10.254/24
R2	S0/0/0	192.168.1.2/24
	S0/0/1	192.168.2.2/24
	G0/0	192.168.20.254/24

（6）根据如图 4.2.1 所示的拓扑图连接好所有网络设备，并设置每台计算机的 IP 地址、子网掩码和默认网关，如表 4.2.2 所示。

表 4.2.2　计算机的 IP 地址、子网掩码和默认网关

计 算 机	IP 地址	子 网 掩 码	默 认 网 关
PC1	192.168.10.1	255.255.255.0	192.168.10.254
PC2	192.168.20.1	255.255.255.0	192.168.20.254

（7）在两台路由器上添加默认路由及浮动静态路由以实现全网互通和链路备份，在配置浮动静态路由优先级时，配置 192.168.1.0 网段为主链路，192.168.2.0 网段为备份链路，最终实现总部计算机与分部计算机可以互通。

❖ **任务实施**

步骤 1：配置 R1 的主机名称及其接口 IP 地址。

```
Router>en
Router#conf t
Router(config)#hostname R1
R1(config)#int g0/0
R1(config-if)#ip add 192.168.10.254 255.255.255.0
R1(config-if)#no shut
R1(config-if)#int s0/0/0
R1(config-if)#clock 64000
R1(config-if)#ip add 192.168.1.1 255.255.255.0
R1(config-if)#no shut
R1(config-if)#int s0/0/1
R1(config-if)#clock 64000
R1(config-if)#ip add 192.168.2.1 255.255.255.0
R1(config-if)#no shut
R1(config)#
```

步骤 2：配置 R2 的主机名称及其接口 IP 地址。

```
Router>en
Router#conf t
Router(config)#hostname R2
R2(config)#int g0/0
R2(config-if)#ip add 192.168.20.254 255.255.255.0
R2(config-if)#no shut
R2(config-if)#int s0/0/0
R2(config-if)#ip add 192.168.1.2 255.255.255.0
R1(config-if)#no shut
R2(config-if)#int s0/0/1
R2(config-if)#ip add 192.168.2.2 255.255.255.0
```

```
R2(config-if)#no shut
R2(config)#
```

步骤 3：在 R1 上配置默认路由。

```
R1(config)#ip route 0.0.0.0 0.0.0.0 192.168.1.2
R1(config)#
```

步骤 4：在 R2 上配置默认路由。

```
R2(config)#ip route 0.0.0.0 0.0.0.0 192.168.1.1
R2(config)#
```

步骤 5：在 R1 上配置浮动静态路由，实现链路备份。

```
R1(config)#ip route 0.0.0.0 0.0.0.0 192.168.2.2 150
R1(config)#exit
R1#write
```

步骤 6：在 R2 上配置浮动静态路由，实现链路备份。

```
R2(config)#ip route 0.0.0.0 0.0.0.0 192.168.2.1 150
R2(config)#exit
R2#write
```

❖ 任务验收

1. 在 R1 上，使用 show ip route 命令查看路由表

```
R1#show ip route
…
Gateway of last resort is 192.168.1.2 to network 0.0.0.0

      192.168.1.0/24 is variably subnetted, 2 subnets, 2 masks
C        192.168.1.0/24 is directly connected, Serial0/0/0
L        192.168.1.1/32 is directly connected, Serial0/0/0
192.168.2.0/24 is variably subnetted, 2 subnets, 2 masks
C        192.168.2.0/24 is directly connected, Serial0/0/1
L        192.168.2.1/32 is directly connected, Serial0/0/1
192.168.10.0/24 is variably subnetted, 2 subnets, 2 masks
C        192.168.10.0/24 is directly connected, GigabitEthernet0/0
L        192.168.10.254/32 is directly connected, GigabitEthernet0/0
S*       0.0.0.0/0 [1/0] via 192.168.1.2
R1#
```

2. 测试网络的连通性和所走路径

（1）在 PC1 上 ping PC2 的 IP 地址，可以看到网络是连通的，如图 4.2.2 所示。

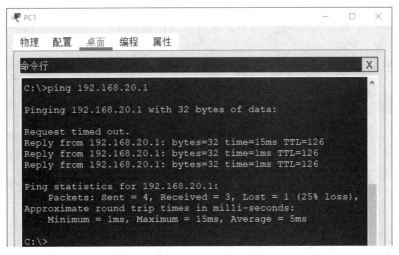

图 4.2.2　测试 PC1 与 PC2 之间的连通性

（2）使用 tracert 命令查看此时 PC1 与 PC2 通信所经过的网关，如图 4.2.3 所示。

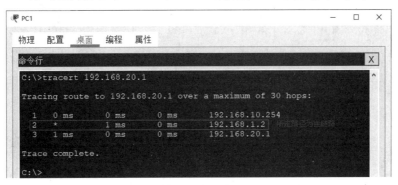

图 4.2.3　检测所走路径是否为主链路

3．测试计算机通信时使用的备用链路

（1）将 R1 的 S0/0/0 接口关闭。在 PC1 上 ping PC2 的 IP 地址，可以看到在短暂的超时后，网络依然是连通的，如图 4.2.4 所示。

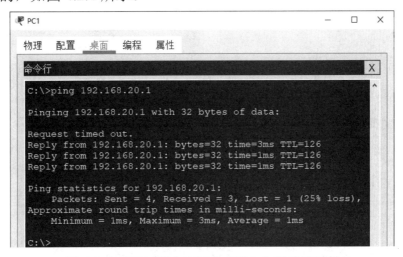

图 4.2.4　再次测试 PC1 与 PC2 之间的连通性

（2）使用 tracert 命令查看此时 PC1 与 PC2 通信所经过的网关，如图 4.2.5 所示。

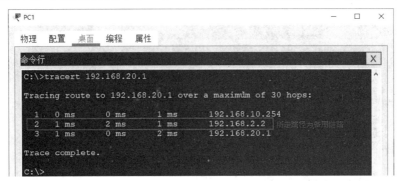

图 4.2.5　检测所走路径是否为备用链路

❖ **知识链接**

1. 默认路由

默认路由是一种特殊的静态路由，指的是当路由表中与包的目的 IP 地址之间没有匹配的表项时路由器能够做出的选择。如果没有默认路由，那么目的 IP 地址在路由表中没有匹配表项的包将被丢弃。默认路由在某些时候非常有效，当存在末梢网络时，默认路由会大大简化路由器的配置，减轻网络管理员的工作负担，提高网络性能。

默认路由的命令格式与静态路由的命令格式相同。只是把目的 IP 地址和子网掩码改为了 0.0.0.0 和 0.0.0.0。默认路由的配置命令如下：

```
ip route 0.0.0.0 0.0.0.0 下一跳 IP 地址/本地接口
```

2. 浮动静态路由

浮动静态路由（Floating Static Route）是一种特殊的静态路由，通过配置去往相同的目的网段，但是优先级不同的静态路由，以保证在网络中优先级较高的路由（即主路由）失效的情况下，提供备份路由。在正常情况下，备份路由不会出现在路由表中。

❖ **任务小结**

本任务介绍了路由器之间如何实现默认路由与浮动路由的配置。需要注意的是，默认路由是目的 IP 地址/子网掩码为 0.0.0.0/0 的路由，浮动静态路由是一种特殊的静态路由。

任务 3 ｜ 动态路由 RIPv2 协议的配置

路由信息协议（Routing Information Protocol，RIP）是应用较早、使用较普遍的动态路由协议，也是内部网关协议。由于 RIP 协议以跳数作为衡量路径的开销，并且规定最大跳数为

15，因此 RIP 协议在实际应用中是有一定限制的，通常适用于中型和小型的企业网络。

❖ 任务描述

随着业务规模的不断扩大，海成公司局域网中的路由器和三层交换机的数量逐渐增多。该公司的网络管理员发现原有的静态路由已经不适合现在的公司，因此，决定在公司的路由器之间使用动态路由 RIPv2 协议，从而实现网络互联。

❖ 任务分析

由于公司的网络规模开始扩大，网络管理员发现使用静态路由已经不合适，因此决定使用动态路由 RIPv2 协议。

下面以两台型号为 2911 的路由器和一台型号为 3650-24PS 的三层交换机来模拟网络，使读者可以学习和掌握动态路由 RIPv2 协议的配置方法。配置动态路由 RIPv2 协议的拓扑图如图 4.3.1 所示。

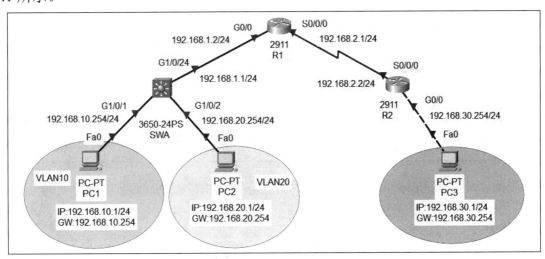

图 4.3.1 配置动态路由 RIPv2 协议的拓扑图

具体要求如下：

（1）添加三台计算机，并将标签名分别更改为 PC1、PC2 和 PC3。

（2）添加两台型号为 2911 的路由器，并将标签名分别更改为 R1 和 R2，路由器的名称分别设置为 R1 和 R2。

（3）为 R1 和 R2 添加 HWIC-2T 模块，并均添加在 S0/0/0 接口位置。

（4）添加一台型号 3650-24PS 的三层交换机，并添加 AC-POWER-SUPPLY 电源模块，用于为设备供电；将交换机的标签名更改为 SWA，名称设置为 SWA。

（5）PC1 连接 SWA 的 G1/0/1 接口，PC2 连接 SWA 的 G1/0/2 接口，PC3 连接 R2 的 G0/0

接口，SWA 的 G1/0/24 接口连接 R1 的 G0/0 接口，R1 的是 S0/0/0 接口连接 R2 的 S0/0/0 接口。

（6）各路由器和交换机的接口及其 IP 地址和子网掩码如表 4.3.1 所示。

表 4.3.1　路由器和交换机的接口及其 IP 地址和子网掩码

设 备 名	接 口	IP 地址/子网掩码
R1	G0/0	192.168.1.2/24
	S0/0/0	192.168.2.1/24
R2	S0/0/0	192.168.2.2/24
	G0/0	192.168.30.254/24
SWA	G1/0/1（SVI10）	192.168.10.254/24
	G1/0/2（SVI20）	192.168.20.254/24
	G1/0/24	192.168.1.1/24

（7）根据如图 4.3.1 所示的拓扑图连接好所有网络设备，并设置每台计算机的 IP 地址、子网掩码和默认网关，如表 4.3.2 所示。

表 4.3.2　计算机的 IP 地址、子网掩码和默认网关

计 算 机	IP 地址	子 网 掩 码	默 认 网 关
PC1	192.168.10.1	255.255.255.0	192.168.10.254
PC2	192.168.20.1	255.255.255.0	192.168.20.254
PC3	192.168.30.1	255.255.255.0	192.168.30.254

（8）在两台路由器和一台交换机之间添加动态路由 RIPv2 协议，以实现全网互通。

❖ **任务实施**

步骤 1：配置 SWA 的主机名称及其接口 IP 地址。

配置 SWA 的相关参数，具体的配置方法请参照本项目任务 1 中的 SWA 的基本配置。

步骤 2：配置 R1 的主机名称及其接口 IP 地址。

配置 R1 的相关参数，具体的配置方法请参照本项目任务 1 中的 R1 的基本配置。

步骤 3：配置 R2 的主机名称及其接口 IP 地址。

配置 R2 的相关参数，具体的配置方法请参照本项目任务 1 中的 R2 的基本配置。

步骤 4：在 SWA 上配置动态路由 RIPv2 协议。

```
SWA(config)#router rip                //启动 RIP 进程
SWA(config-router)#version 2          //使用版本 2
SWA(config-router)#no auto-summary    //关闭自动汇总
SWA(config-router)#network 192.168.1.0
```

```
SWA(config-router)#network 192.168.10.0
SWA(config-router)#network 192.168.20.0
SWA(config-router)#end
SWA#write
```

步骤 5：在 R1 上配置动态路由 RIPv2 协议。

```
R1(config)#router rip
R1(config-router)#version 2
R1(config-router)#no auto-summary
R1(config-router)#network 192.168.1.0
R1(config-router)#network 192.168.2.0
R1(config-router)#end
R1#write
```

步骤 6：在 R2 上配置动态路由 RIPv2 协议。

```
R2(config)#router rip
R2(config-router)#version 2
R2(config-router)#no auto-summary
R2(config-router)#network 192.168.2.0
R2(config-router)#network 192.168.30.0
R2(config-router)#end
R2#write
```

❖ 任务验收

1. 在 R1 上，使用 show ip route 命令查看路由表

```
R1#show ip route
…
Gateway of last resort is not set

    192.168.1.0/24 is variably subnetted, 2 subnets, 2 masks
C    192.168.1.0/24 is directly connected, GigabitEthernet0/0
L    192.168.1.2/32 is directly connected, GigabitEthernet0/0
192.168.2.0/24 is variably subnetted, 2 subnets, 2 masks
C    192.168.2.0/24 is directly connected, Serial0/0/0
L    192.168.2.1/32 is directly connected, Serial0/0/0
R    192.168.10.0/24 [120/1] via 192.168.1.1, 00:00:23, GigabitEthernet0/0
R    192.168.20.0/24 [120/1] via 192.168.1.1, 00:00:23, GigabitEthernet0/0
R    192.168.30.0/24 [120/1] via 192.168.2.2, 00:00:08, Serial0/0/0
R1#
```

2. 在 R1 上，使用 show ip protocols 命令检验发送和接收动态路由 RIPv2 协议的信息

```
R1#show ip protocols
Routing Protocol is "rip"
Sending updates every 30 seconds, next due in 23 seconds
Invalid after 180 seconds, hold down 180, flushed after 240
Outgoing update filter list for all interfaces is not set
Incoming update filter list for all interfaces is not set
Redistributing: rip
Default version control: send version 2, receive 2
Interface            Send    Recv    Triggered RIP Key-chain
GigabitEthernet0/0    2        2
Serial0/0/0           2        2
Automatic network summarization is not in effect
Maximum path: 4
Routing for Networks:
192.168.1.0
192.168.2.0
Passive Interface(s):
Routing Information Sources:
Gateway             Distance   Last Update
192.168.1.1            120         00:00:15
192.168.2.2            120         00:00:25
Distance: (default is 120)
R1#
```

小贴士

需要注意的是，在使用 show ip protocols 命令时如何检验现在配置的路由器仅发送和接收动态路由 RIPv2 协议的信息。现在，RIP 进程在所有更新中包含子网掩码，所以动态路由 RIPv2 协议是一种无类路由协议。

（1）RIP 协议只能宣告和自己直连的网段。

（2）RIP 协议在宣告时不附加子网掩码。

（3）分配的 IP 地址最好是连续的子网，以免 RIP 协议汇聚出现错误。

3. 测试网络的连通性

在 PC1 上 ping PC2 和 PC3 的 IP 地址，显示网络已经连通，如图 4.3.2 所示。

图 4.3.2 连通性测试结果

❖ **知识链接**

RIP 协议是应用较早、使用较普遍的内部网关协议（Interior Gateway Protocol，IGP），适用于小型同类网络的一个自治系统（Autonomous System，AS）内的路由信息的传递。RIP 协议的管理距离为 120。RIP 协议是基于距离矢量算法的。它使用"跳数"（即 metric）来衡量到达目的地址的路由距离，取值范围为 1～15，数值 16 表示无穷大。RIP 进程使用 UDP 协议的 520 接口来发送和接收 RIP 分组。RIP 分组每隔 30s 以广播的形式发送一次，为了防止出现"广播风暴"，其后续的分组将做随机延时再发送。在 RIP 协议中，如果一个路由在 180s 内未被刷新，则相应的距离就被设定成无穷大，并从路由表中删除该表项。

使用距离矢量路由协议的路由器并不了解到达目的网络的整条路径。距离矢量路由协议将路由器作为通往最终目的地的路径上的路标。路由器唯一了解的远程网络信息就是到达该网络的距离（即度量）及可以通过哪条路径或哪个接口到达该网络。距离矢量路由协议并不了解确切的网络拓扑图。

RIP 协议有两个版本：RIPv1 协议和 RIPv2 协议。其中，RIPv1 协议为第一代传统协议，RIPv2 协议为简单距离矢量路由协议。

RIPv1 协议被提出的较早，其有许多缺陷。为了改善 RIPv1 协议的不足，在 RFC 1388 中提出了改进的 RIPv2 协议，并在 RFC 1723 和 RFC 2453 中进行了修订。RIPv2 协议定义了一套有效的改进方案，它支持子网路由选择，支持 CIDR，支持组播，并提供了验证机制。RIPv1 协议和 RIPv2 协议的区别如表 4.3.3 所示。

表 4.3.3　RIPv1 协议和 RIPv2 协议的区别

RIPv1 协议	RIPv2 协议
有类路由协议	无类路由协议
不能支持 VLSM 和 CIDR	可以支持 VLSM 和 CIDR
没有认证的功能	可以支持认证，并且有明文和 MD5 两种认证
手动汇总	可以在关闭自动汇总的前提下，进行手动汇总
采用广播（255.255.255.255）的形式更新路由信息	采用组播（224.0.0.9）的形式更新路由信息

在路由器上实现动态路由 RIPv1 协议的配置命令如下：

```
Router#
Router#conf t
Router(config)#router rip              //启动 RIP 进程
Router(config-router)#network 网段     //宣告相邻网段
Router(config-router)#
```

在路由器上实现动态路由 RIPv2 协议的配置命令如下：

```
Router#conf t
Router(config)#router rip                    //启动 RIP 进程
Router(config-router)#version 2              //开启版本 2
Router(config-router)#no auto-summary        //关闭自动汇总
Router(config-router)#network 网段           //宣告相邻网段
Router(config-router)#
```

❖ **任务小结**

本任务介绍了网络设备之间如何实现动态路由 RIPv2 协议的配置。需要注意的是，RIP 协议有两个版本，即 RIPv1 协议和 RIPv2 协议，no auto-summary 功能只支持 RIPv2 协议；路由器只宣告和自己直连的网段，实现动态更新路由信息。

任务 4 | 动态路由 EIGRP 协议的配置

❖ **任务描述**

随着业务规模的不断扩大，海成公司局域网中的路由器已经达到了一定数量。该公司的网络管理员发现公司的所有设备都是思科公司的产品，出于网络性能的考虑，网络管理员决定在公司的路由器之间使用思科公司私有的动态增强型内部网关路由协议（Enhanced Interior Gateway Routing Protocol，EIGRP），从而实现网络互联。

❖ **任务分析**

由于公司的网络设备都是思科公司的产品，使用思科公司私有的路由协议，可以很大限度地提高网络的性能，因此网络管理员决定使用动态路由 EIGRP 协议是正确的。

下面以两台型号为 2911 的路由器和一台型号为 3650-24PS 的三层交换机来模拟网络，使读者可以学习和掌握动态路由 EIGRP 协议的配置方法。配置动态路由 EIGRP 协议的拓扑图如图 4.4.1 所示。

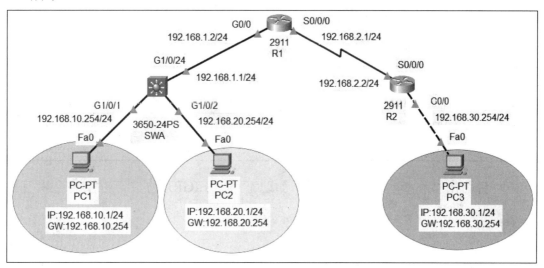

图 4.4.1　配置动态路由 EIGRP 协议的拓扑图

具体要求如下：

（1）添加三台计算机，并将标签名分别更改为 PC1、PC2 和 PC3。

（2）添加两台型号为 2911 的路由器，并将标签名分别更改为 R1 和 R2，路由器的名称分别设置为 R1 和 R2。

（3）为 R1 和 R2 添加 HWIC-2T 模块，并均添加在 S0/0/0 接口位置。

（4）添加一台型号为 3650-24PS 的三层交换机，并添加 AC-POWER-SUPPLY 电源模块，用于为设备供电；将交换机的标签名更改为 SWA，名称设置为 SWA。

（5）PC1 连接 SWA 的 G1/0/1 接口，PC2 连接 SWA 的 G1/0/2 接口，PC3 连接 R2 的 G0/0 接口，SWA 的 G1/0/24 接口连接 R1 的 G0/0 接口，R1 的 S0/0/0 接口连接 R2 的 S0/0/0 接口。

（6）各路由器和交换机的接口及其 IP 地址和子网掩码如表 4.4.1 所示。

表 4.4.1　路由器和交换机的接口及其 IP 地址和子网掩码

设 备 名	接　口	IP 地址/子网掩码
R1	G0/0	192.168.1.2/24
	S0/0/0	192.168.2.1/24
R2	S0/0/0	192.168.2.2/24
	G0/0	192.168.30.254/24
SWA	G1/0/1	192.168.10.254/24
	G1/0/2	192.168.20.254/24
	G1/0/24	192.168.1.1/24

（7）根据如图 4.4.1 所示的拓扑图连接好所有网络设备，并设置每台计算机的 IP 地址、子网掩码和默认网关，如表 4.4.2 所示。

表 4.4.2　计算机的 IP 地址、子网掩码和默认网关

计 算 机	IP 地址	子 网 掩 码	默 认 网 关
PC1	192.168.10.1	255.255.255.0	192.168.10.254
PC2	192.168.20.1	255.255.255.0	192.168.20.254
PC3	192.168.30.1	255.255.255.0	192.168.30.254

（8）在两台路由器和一台交换机之间添加动态路由 EIGRP 协议，以实现全网互通。

❖ 任务实施

步骤 1：配置 SWA 的主机名称及其接口 IP 地址。

```
Switch>enable
Switch#conf t
Switch(config)#hostname SWA
SWA(config)#ip routing
SWA(config)#int g1/0/1
SWA(config-if)#no switchport
SWA(config-if)#ip add 192.168.10.254 255.255.255.0
SWA(config-if)#no shut
SWA(config-if)#int g1/0/2
SWA(config-if)#no switchport
SWA(config-if)#ip add 192.168.20.254 255.255.255.0
SWA(config-if)#no shut
SWA(config-if)#int g1/0/24
SWA(config-if)#no switchport
```

```
SWA(config-if)#ip add 192.168.1.1 255.255.255.0
SWA(config-if)#
```

步骤 2：配置 R1 的主机名称及其接口 IP 地址。

配置 R1 的相关参数，具体的配置方法请参照本项目任务 1 中的 R1 的基本配置。

步骤 3：配置 R2 的主机名称及其接口 IP 地址。

配置 R2 的相关参数，具体的配置方法请参照本项目任务 1 中的 R2 的基本配置。

步骤 4：在 SWA 上配置动态路由 EIGRP 协议。

```
SWA(config)#router eigrp 100              //启动 EIGRP 进程
SWA(config-router)#network 192.168.1.0
SWA(config-router)#network 192.168.10.0
SWA(config-router)#network 192.168.20.0
SWA(config-router)#end
SWA#write
```

步骤 5：在 R1 上配置动态路由 EIGRP 协议。

```
R1(config)#router eigrp 100
R1(config-router)#network 192.168.1.0
R1(config-router)#network 192.168.2.0
R1(config-router)#end
R1#write
```

步骤 6：在 R2 上配置动态路由 EIGRP 协议。

```
R2(config)#router eigrp 100
R2(config-router)#network 192.168.2.0
R2(config-router)#network 192.168.30.0
R2(config-router)#end
R2#write
```

❖ 任务验收

1. 在 R1 上，使用 show ip route 命令查看路由表

```
R1#show ip route
…
Gateway of last resort is not set

    192.168.1.0/24 is variably subnetted, 2 subnets, 2 masks
C   192.168.1.0/24 is directly connected, GigabitEthernet0/0
L   192.168.1.2/32 is directly connected, GigabitEthernet0/0
192.168.2.0/24 is variably subnetted, 2 subnets, 2 masks
C   192.168.2.0/24 is directly connected, Serial0/0/0
```

```
L    192.168.2.1/32 is directly connected, Serial0/0/0
D    192.168.10.0/24 [90/5376] via 192.168.1.1, 00:00:59, GigabitEthernet0/0
D    192.168.20.0/24 [90/5376] via 192.168.1.1, 00:00:59, GigabitEthernet0/0
D    192.168.30.0/24 [90/2172416] via 192.168.2.2, 00:00:18, Serial0/0/0
R1#
```

2. 测试网络的连通性

在 PC1 上分别 ping PC2 和 PC3 的 IP 地址，显示网络已经连通，如图 4.4.2 所示。

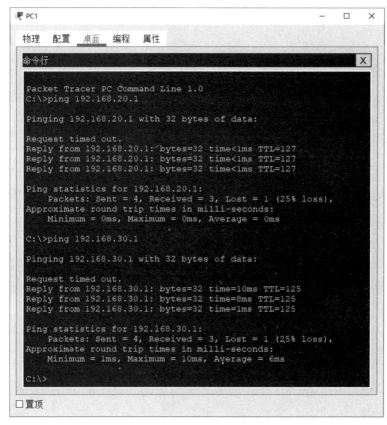

图 4.4.2　连通性测试结果

❖ **知识链接**

动态路由 EIGRP 协议是 Cisco 公司开发的高级距离矢量路由协议。顾名思义，动态路由 EIGRP 协议是另一种思科路由协议 IGRP 协议的增强版。IGRP 协议是较早的有类距离矢量路由协议，但是自 IOS 12.3 后已经被淘汰。

动态路由 EIGRP 协议具备链路状态路由协议的某些功能，它是一种距离矢量路由协议。动态路由 EIGRP 协议适用于不同的拓扑结构和介质。在设计合理的网络中，动态路由 EIGRP 协议能够加以扩展从而包含多个拓扑，并能够以最小的网络流量达到极快的融合速度。

动态路由 EIGRP 协议最初发布于 1992 年，是只适用于思科设备的专有协议。2013 年，思科公司以开放标准的形式向 IETF 发布了动态路由 EIGRP 协议的基本功能作为信息性 RFC。

这意味着其他网络供应商现在可以在其设备上实施动态路由 EIGRP 协议，从而实现与运行动态路由 EIGRP 协议的思科路由器和非思科路由器互相操作。然而，动态路由 EIGRP 协议的高级功能不会向 IETF 发布，如部署动态多点虚拟专用网络（DMVPN）所需的动态路由 EIGRP 协议末节。作为信息性 RFC，思科公司将继续保持对动态路由 EIGRP 协议的控制。

动态路由 EIGRP 协议兼具链路状态路由协议和距离矢量路由协议的功能。但是动态路由 EIGRP 协议依然基于距离矢量路由协议的核心原理，其中关于其他网络的信息是从直连的邻居获得的。

动态路由 EIGRP 协议的相关命令如下：

```
Router(config)#router eigrp  autonomous-system  //指定使用动态路由 EIGRP 协议
Router(config-router)#network network            //指定与该路由器相连的网络
Router(config-router)#
```

注　意

autonomous-system 的取值为 1～65536 之间的任意值，并非实际意义上的 autonomous-system，但是如果运行动态路由 EIGRP 协议的路由器想要交换路由、更新信息，则这些路由器的 autonomous-system 需要相同。

❖ 任务小结

本任务介绍了三层交换机和路由器之间如何实现动态路由 EIGRP 协议的配置。在使用动态路由 EIGRP 协议时，每个网络设备的进程号需要一致。需要注意的是，动态路由 EIGRP 协议是思科公司的私有协议，其他厂商是没有此协议的。

任务 5 | 动态路由 OSPF 协议的配置

开放式最短路径优先（Open Shortest Path First，OSPF）协议是目前网络中应用十分广泛的动态路由协议之一。它也属于内部网关路由协议，能够适应各种规模的网络环境，是典型的链路状态路由协议。

❖ 任务描述

海成公司的业务规模越来越大，其局域网中路由器的数量也逐渐增多，已经达到了八台。该公司的网络管理员发现原有的 RIP 协议已经不再适合现有公司的应用，因此，决定在公司的路由器之间使用动态路由 OSPF 协议，从而实现网络互联。

❖ 任务分析

随着公司的网络规模越来越大，网络管理员发现使用动态路由 OSPF 协议比较适合，这是因为动态路由 OSPF 协议可以实现快速收敛，并且出现环路的可能性不大，适合于中型和大型企业网络。

下面以两台型号为 2911 的路由器和一台型号为 3650-24PS 的三层交换机来模拟网络，使读者可以学习和掌握动态路由 OSPF 协议的配置方法。配置动态路由 OSPF 协议的拓扑图如图 4.5.1 所示。

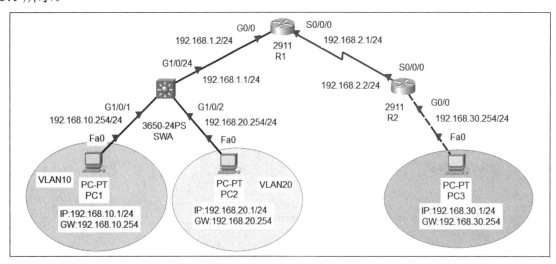

图 4.5.1 配置动态路由 OSPF 协议的拓扑图

具体要求如下：

（1）添加三台计算机，并将标签名分别更改为 PC1、PC2 和 PC3。

（2）添加两台型号为 2911 的路由器，并将标签名分别更改为 R1 和 R2，路由器的名称分别设置为 R1 和 R2。

（3）为 R1 和 R2 添加 HWIC-2T 模块，并均添加在 S0/0/0 接口位置。

（4）添加一台型号为 3650-24PS 的三层交换机，并添加 AC-POWER-SUPPLY 电源模块，用于为设备供电；将交换机的标签名更改为 SWA，名称设置为 SWA。

（5）PC1 连接 SWA 的 G1/0/1 接口，PC2 连接 SWA 的 G1/0/2 接口，PC3 连接 R2 的 G0/0 接口，SWA 的 G1/0/24 接口连接 R1 的 G0/0 接口，R1 的 S0/0/0 接口连接 R2 的 S0/0/0 接口。

（6）各路由器和交换机的接口及其 IP 地址和子网掩码如表 4.5.1 所示。

表 4.5.1 各路由器和交换机的接口及其 IP 地址和子网掩码

设 备 名	接 口	IP 地址/子网掩码
R1	G0/0	192.168.1.2/24
	S0/0/0	192.168.2.1/24

续表

设　备　名	接　　口	IP 地址/子网掩码
R2	S0/0/0	192.168.2.2/24
	G0/0	192.168.30.254/24
SWA	G1/0/1	192.168.10.254/24
	G1/0/2	192.168.20.254/24
	G1/0/24	192.168.1.1/24

（7）根据如图 4.5.1 所示的拓扑图连接好所有网络设备，并设置每台计算机的 IP 地址、子网掩码和默认网关，如表 4.5.2 所示。

表 4.5.2　计算机的 IP 地址、子网掩码和默认网关

计　算　机	IP 地址	子　网　掩　码	默　认　网　关
PC1	192.168.10.1	255.255.255.0	192.168.10.254
PC2	192.168.20.1	255.255.255.0	192.168.20.254
PC3	192.168.30.1	255.255.255.0	192.168.30.254

（8）在两台路由器和一台交换机之间添加动态路由 OSPF 协议，以实现全网互通。

❖ **任务实施**

步骤 1：配置 SWA 的主机名称及其接口 IP 地址。

配置 SWA 的相关参数，具体的配置方法请参照本项目任务 4 中的 SWA 的基本配置。

步骤 2：配置 R1 的主机名称及其接口 IP 地址。

配置 R1 的相关参数，具体的配置方法请参照本项目任务 4 中的 R1 的基本配置。

步骤 3：配置 R2 的主机名称及其接口 IP 地址。

配置 R2 的相关参数，具体的配置方法请参照本项目任务 4 中的 R2 的基本配置。

步骤 4：在 SWA 上实现动态路由 OSPF 协议单区域配置。

```
SWA(config)#router ospf 1
SWA(config-router)#network 192.168.1.0 0.0.0.255 area 0
SWA(config-router)#network 192.168.10.0 0.0.0.255 area 0
SWA(config-router)#network 192.168.20.0 0.0.0.255 area 0
SWA(config-router)#end
SWA#write
```

步骤 5：在 R1 上实现动态路由 OSPF 协议单区域配置。

```
R1(config)#router ospf 1
R1(config-router)#network 192.168.1.0 0.0.0.255 area 0
R1(config-router)#network 192.168.2.0 0.0.0.255 area 0
```

```
R1(config-router)#end
R1#write
```

步骤6：在 R2 上实现动态路由 OSPF 协议单区域配置。

```
R2(config)#router ospf 1
R2(config-router)#network 192.168.2.0 0.0.0.255 area 0
R2(config-router)#network 192.168.30.0 0.0.0.255 area 0
R2(config-router)#end
R2#write
```

小贴士

在配置动态路由 OSPF 协议通告相应网络时，需要确保子网掩码的配置正确，并且需要说明路由器所在的区域。

❖ 任务验收

1. 在 R1 上，使用 show ip route 命令查看路由表

```
R1#show ip route
......
Gateway of last resort is not set

     192.168.1.0/24 is variably subnetted, 2 subnets, 2 masks
C    192.168.1.0/24 is directly connected, GigabitEthernet0/0
L    192.168.1.2/32 is directly connected, GigabitEthernet0/0
     192.168.2.0/24 is variably subnetted, 2 subnets, 2 masks
C    192.168.2.0/24 is directly connected, Serial0/0/0
L    192.168.2.1/32 is directly connected, Serial0/0/0
O    192.168.10.0/24 [110/2] via 192.168.1.1, 00:02:16, GigabitEthernet0/0
O    192.168.20.0/24 [110/2] via 192.168.1.1, 00:02:16, GigabitEthernet0/0
O    192.168.30.0/24 [110/65] via 192.168.2.2, 00:00:13, Serial0/0/0
R1#
```

2. 测试网络的连通性

在 PC1 上 ping PC2 和 PC3 的 IP 地址，显示网络已经连通，如图 4.5.2 所示。

小贴士

（1）每个路由器的 OSPF 进程号可以不同，一个路由器可以有多个 OSPF 进程。

（2）动态路由 OSPF 协议是无类路由协议，一定要加子网掩码。

（3）第一个区域必须是区域 0。

图 4.5.2　连通性测试结果

❖ **知识链接**

动态路由 OSPF 协议是一种链路状态路由协议，旨在替代距离矢量路由协议 RIP 协议。RIP 协议是网络和 Internet 早期广为接受的路由协议。但是，RIP 协议依靠跳数作为确定最佳路由的唯一度量，很快便出现了问题。在速度各异的多条路径的大型网络中，使用跳数无法很好地扩展。动态路由 OSPF 协议与 RIP 协议相比具有巨大的优势，因为它既能快速收敛，又能扩展到更大型的网络。其特性如下所述。

（1）适用范围广：支持各种规模的网络，最多可以支持几百台路由器。

（2）收敛快速：在网络的拓扑结构发生变化后立即发送更新报文，使这一变化在自治系统中同步。

（3）无自环：动态路由 OSPF 协议根据收集到的链路状态采用最短路径树算法计算路由，从算法本身保证了不会生成自环路由。

（4）区域划分管理：允许自治系统的网络被划分为区域以便管理，区域之间传送的路由信息被进一步抽象，从而减少了占用的网络带宽。

（5）路由分级：使用 4 类不同等级的路由，按照优先顺序分别是区域内路由、区域间路由、第一类外部路由、第二类外部路由。

（6）支持验证：支持基于接口的报文验证，以保证路由计算的安全性。

（7）可以多播发送：在有多播发送能力的链路层上以多播地址接收和发送报文，既达到了广播的作用，又最大限度地减少了对其他网络的干扰。

动态路由 OSPF 协议通过向全网通告自己的路由信息，使网络中每台设备最终同步一个具有全网链路状态的数据库，然后路由器采用 SPF 算法，以自己为根，计算到达其他网络的最短路径，最终形成全网路由信息。

在大型的网络环境中，动态路由 OSPF 协议支持区域的划分，将网络进行合理规划。在划分区域时必须存在 area0（骨干区域）。其他区域和骨干区域直接相连，或通过虚链路连接。

如果想要创建 OSPF 路由进程，则需要在全局配置模式下执行如下命令：

```
Router#config t
Router(config)#router ospf process-id          //启动 OSPF 路由进程
Router(config-router)#network Network number OSPF wild card bits area area ID
```

（1）OSPF 路由进程 process-id 的取值范围必须指定为 1～65535，多个 OSPF 路由进程可以在同一台路由器上配置，但是最好不要这样操作。多个 OSPF 路由进程需要多个 OSPF 数据库的副本，并且是必须运行多个最短路径算法的副本。process-id 只在路由器内部起作用，不同路由器的 process-id 可以不同。

（2）wild card bits 是子网掩码的反码，网络区域 ID（area-id）可以是 0～4294967295 内的十进制数，也可以是带有 IP 地址格式的 x.x.x.x。当网络区域 ID 为 0 或 0.0.0.0 时，该区域为骨干区域。不同网络区域的路由器通过骨干区域学习路由信息。

❖ 任务小结

本任务介绍了路由器之间如何实现动态路由 OSPF 协议的配置。当使用动态路由 OSPF 协议宣告直连网段时，需要使用该网段的子网掩码，而且必须指明所属的区域。

项 目 实 训

任务 1：配置动态路由 RIPv2 协议。

某公司规模很小，只有一家上海分公司，经理决定组建一个网络实现公司总部和分公司之间的通信，公司网络管理员经过分析，决定使用动态路由 RIPv2 协议，该公司的网络拓扑图如图 4.5.3 所示。

（1）使用静态路由实现全网互通。

（2）将静态路由清除，使用动态路由 RIPv2 协议实现全网互通，注意三层交换机上的配置。

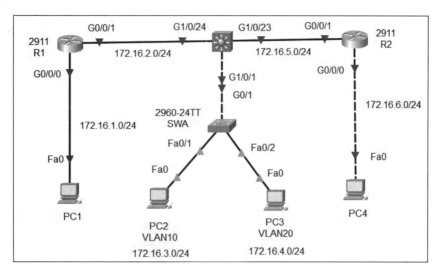

图 4.5.3　某公司的网络拓扑图

完成标准：各网段之间能互相通信。

任务 2：配置动态路由 OSPF 协议。

海天公司有两个分公司，公司的网络管理员使用了动态路由 OSPF 协议实现全网互通，该公司的网络拓扑图如图 4.5.4 所示。

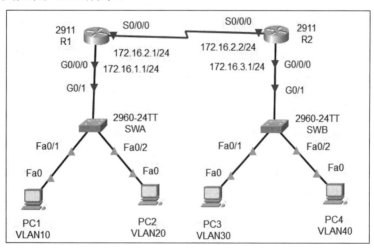

图 4.5.4　海天公司的网络拓扑图

完成标准：各网段之间能互相通信。

项目 5

网络安全技术配置

项目描述

　　随着网络技术的发展和应用范围的不断扩大，网络已经成为人们日常生活中必不可少的一部分。园区网作为给终端用户提供网络接入和基础服务的应用环境，其存在的网络安全隐患不断显现出来。例如，非人为的或自然力造成的故障、事故；人为但是属于操作人员无意的失误造成的数据丢失或损坏；来自园区网外部和内部人员的恶意攻击与破坏等。网络安全状况直接影响人们的学习、工作和生活，网络安全问题已经成为信息社会关注的焦点之一，因此需要实施网络安全防范。

　　保护园区网的安全的措施包括以下几点：在终端主机上安装防病毒软件，保护终端设备的安全；利用交换机的端口安全功能，防止局域网内部的 MAC 地址攻击、ARP 攻击、IP 地址/MAC 地址欺骗等攻击；利用 IP 地址访问控制列表对网络流量进行过滤和管理，从而保护子网之间的通信安全及敏感设备，防止非授权访问；利用 NAT 技术在一定程度上为内部网络主机提供"隐私"保护；在网络出口部署防火墙，防范外部网络的未授权访问和非法攻击；建立保护内部网络安全的规章制度，保护内部网络设备的安全。

　　本项目重点介绍交换机端口安全的配置、IP 访问控制列表的配置，以及网络地址转换的配置。

知识目标

1. 理解交换机端口安全的功能与作用。

2. 理解 IP 访问控制列表的工作原理和分类。

3. 理解标准、扩展和命名 IP 访问控制列表的区别。

4. 了解网络地址转换的原理和作用。

5. 理解网络地址转换的分类。

能力目标

1. 能实现交换机端口安全的配置。

2. 能实现标准 IP 访问控制列表的配置。

3. 能实现扩展 IP 访问控制列表的配置。

4. 能实现命名 IP 访问控制列表的配置。

5. 能使用动态 NAPT 技术实现局域网访问 Internet 的配置。

6. 能使用静态 NAT 技术实现外部网络主机访问内部网络服务器的配置。

素质目标

1. 不仅培养读者的团队合作精神和写作能力，还培养读者的协同创新能力。

2. 不仅培养读者的交流沟通能力和独立思考能力，还培养读者的逻辑思维能力。

3. 培养读者的信息素养和学习能力，使其能够运用正确的方法和技巧掌握新知识、新技能。

4. 培养读者系统分析与解决问题的能力，使其能够掌握相关知识点并完成项目任务。

思政目标

1. 培养读者具备法律意识，熟悉相关的网络安全法律法规及产品管理规范。

2. 培养读者具备网络安全意识，以及较强的安全判断能力。

3. 培养读者良好的职业道德和严谨的职业素养，使其在处理网络安全故障时可以做到一丝不苟、有条不紊。

思维导图

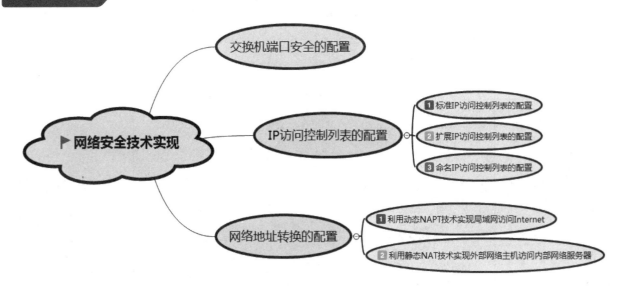

任务 1 | 交换机端口安全的配置

通过 MAC 地址表记录连接到交换机端口的以太网 MAC 地址，并且只允许某个 MAC 地址通过本端口进行通信，而当其他 MAC 地址发送的数据包通过此端口时，端口安全特性会进行阻止。

❖ 任务描述

海成公司最近的网络速度变慢，网络管理员发现有些部门的员工使用自己携带的笔记本式计算机接入公司网络来下载电影，这不仅给公司的网络速度带来了影响，还给公司的网络安全带来了隐患。

❖ 任务分析

非授权的计算机接入网络会造成公司信息管理成本的增加，不仅影响公司正常用户使用网络，还会造成严重的网络安全问题。在接入交换机上配置端口安全功能，利用 MAC 地址绑定不仅可以解决非授权计算机影响正常网络使用的问题，还可以避免用户利用未绑定 MAC 地址的端口来实施 MAC 地址泛洪攻击。

下面以两台型号为 2960-24TT 的交换机来模拟网络，使读者可以学习和掌握交换机接口安全的配置方法。配置交换机端口安全的拓扑图如图 5.1.1 所示。

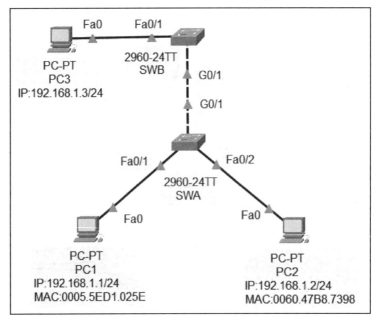

图 5.1.1　配置交换机端口安全的拓扑图

具有要求如下：

（1）添加三台计算机，并将标签名分别更改为 PC1、PC2 和 PC3。

（2）添加两台型号为 2911-24TT 的交换机，并将标签名分别更改为 SWA 和 SWB，交换机的名称分别设置为 SWA、SWB。

（3）PC1 连接 SWA 的 Fa0/1 接口，PC2 连接 SWA 的 Fa0/2 接口，PC3 连接 SWB 的 Fa0/1 接口，SWA 的 G0/1 接口连接 SWB 的 G0/1 接口。

（4）根据如图 5.1.1 所示的拓扑图连接好所有网络设备，并设置每台计算机的 IP 地址和子网掩码，如表 5.1.1 所示。

表 5.1.1　计算机的 IP 地址和子网掩码

计 算 机	IP 地址	子 网 掩 码
PC1	192.168.1.1	255.255.255.0
PC2	192.168.1.2	255.255.255.0
PC3	192.168.1.3	255.255.255.0

（5）出于网络安全方面的考虑，在交换机的接口上配置端口安全功能，绑定计算机的 MAC 地址，防止非授权计算机的接入。

❖ **任务实施**

步骤 1：查看计算机的 MAC 地址。

在计算机的"命令行"对话框中输入 ipconfig /all 命令，查看 MAC 地址。

（1）查看 PC1 的 MAC 地址，如图 5.1.2 所示。

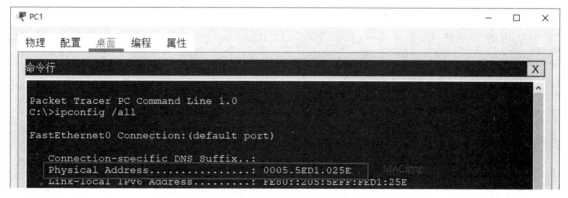

图 5.1.2　查看 PC1 的 MAC 地址

（2）查看 PC2 的 MAC 地址，如图 5.1.3 所示。

步骤 2：配置 SWA 的主机名称，开启交换机接口的端口安全功能。在 SWA 的 Fa0/1 接口和 Fa0/2 接口上配置基于黏性的安全 MAC 地址。

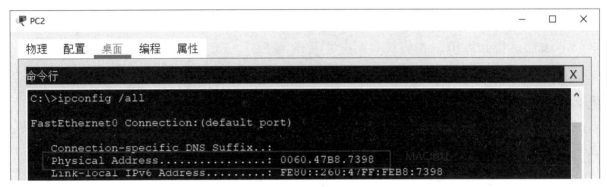

图 5.1.3　查看 PC2 的 MAC 地址

```
Switch>enable
Switch#conf t
Switch(config)#hostname SWA
SWA(config)#int fa0/1
//在将接口设置为访问模式后，此接口才能启用 port-security 功能
SWA(config-if)#switchport mode access
SWA(config-if)#switchport port-security
//设置基于黏性的安全 MAC 地址
SWA(config-if)#switchport port-security mac-address sticky
//为接口绑定基于黏性的安全 MAC 地址
SWA(config-if)#switchport port-security mac-address sticky 0005.5ED1.025E
SWA(config-if)#int fa0/2
SWA(config-if)#switchport mode access
SWA(config-if)#switchport port-security
SWA(config-if)#switchport port-security mac-address sticky
SWA(config-if)#switchport port-security mac-address sticky 0060.47B8.7398
SWA(config-if)#end
SWA#write
```

步骤 3：配置 SWB 的主机名称，开启交换机接口的端口安全功能。在 SWB 的 G0/1 接口上配置端口安全动态 MAC 地址。

```
Switch>enable
Switch#conf t
Switch(config)#hostname SWB
SWB(config)#int g0/1
SWB(config-if)#switchport mode access
SWB(config-if)#switchport port-security          //将 G0/1 接口启用端口安全功能
SWB(config-if)#switchport port-security maximum 1     //设置接口的最大连接数为 1
//设置违例的处理方式为关闭接口
```

```
SWB(config-if)#switchport port-security violation shutdown
SWB(config-if)#end
SWB#write
```

小贴士

在园区网内连接固定服务器的端口白名单建议使用手动配置的方式,而连接常规计算机的端口白名单采用自动学习的方式。但是自动学习不能避免黑客盗用网线通过合法连接来进入内部网络进行攻击,因此针对这种情况,需要对连接常规计算机的接口配置基于黏性的端口安全功能。

基于黏性的端口安全工作机制是当接口通过自动学习添加白名单时,该白名单会以配置的形式保存在交换机上,即便接口关闭后,该接口原有的 MAC 地址表项删除了,该白名单信息依然存在,这样比较安全。

❖ 任务验收

1. 在 SWA 上使用 show mac-address-table 命令,查看交换机与计算机之间连接的接口的类型是否变为 sticky

```
SWA#show mac-address-table
Mac Address Table
-------------------------------------------

Vlan    Mac     Address         Type        Ports
----    -----------    --------    -----

1       0005.5ed1.025e          STATIC      Fa0/1
1       0007.ec01.eb19          DYNAMIC     G0/1
1       0060.47b8.7398          STATIC      Fa0/2
SWA#
```

2. 测试计算机之间的连通性

(1)使用 ping 命令测试内部通信的情况。在 PC1 上 ping PC2,可以看出,两台计算机之间可以互相通信,如图 5.1.4 所示。

(2)在 PC2 上 Ping PC3,可以看出,两台计算机之间不可以互相通信,如图 5.1.5 所示。因为 SWB 的 G0/1 接口将自动学习 MAC 地址的设备的数量限制为 1,当有多于 1 台计算机通过时,交换机会发出告警信息,并关闭接口。

图 5.1.4 测试 PC1 与 PC2 之间的连通性

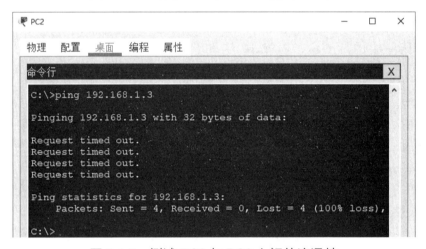

图 5.1.5 测试 PC2 与 PC3 之间的连通性

（3）查看 SWB 的端口安全配置。

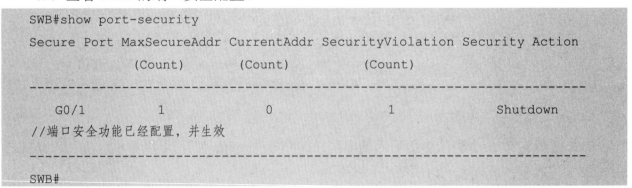

```
SWB#show port-security
Secure Port MaxSecureAddr CurrentAddr SecurityViolation Security Action
            (Count)       (Count)      (Count)
------------------------------------------------------------------------
   G0/1        1             0             1            Shutdown
//端口安全功能已经配置，并生效
------------------------------------------------------------------------
SWB#
```

（4）查看 SWB 上的 G0/1 接口的端口安全配置是否生效。

```
SWB#show port-security interface g0/1
Port Security              : Enabled
Port Status                : Secure-shutdown
Violation Mode             : Shutdown
```

```
Aging Time                      : 0 mins
Aging Type                      : Absolute
SecureStatic Address Aging      : Disabled
Maximum MAC Addresses           : 1
Total MAC Addresses             : 0
Configured MAC Addresses        : 0
Sticky MAC Addresses            : 0
Last Source Address:Vlan        : 0005.5ED1.025E:1
Security Violation Count        : 1
SWB#
```

通过回显可以看出，端口安全配置已经生效，状态为关闭。

3. 更换计算机，测试连通性

把 PC1 更换为 PC4，IP 地址相同，MAC 地址不同，连接到交换机 Fa0/1 接口上。可以看出，在更换计算机后，MAC 地址不同，两台计算机之间不能互相通信，如图 5.1.6 所示。

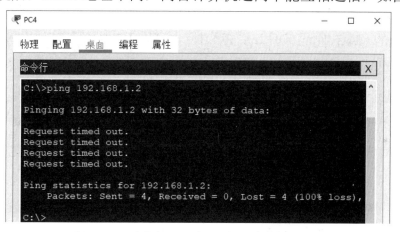

图 5.1.6 测试 PC4 与 PC2 之间的连通性

小贴士

当接口因违例而被关闭后，想要恢复接口状态有如下两种方法。

（1）在全局配置模式下使用 errdisable recovery 命令来将接口从错误状态恢复过来（模拟器不支持此功能）。

（2）先将已经被关闭的接口配置为 shutdown，再配置 no shutdown 即可。

❖ 知识链接

1. 端口安全概念

交换机端口安全是指针对交换机的接口进行安全属性的配置，从而控制用户的安全接入。

端口安全特性可以使特定 MAC 地址的主机流量通过该接口。当接口上配置了安全的 MAC 地址后，定义之外的源 MAC 地址发送的数据包将被接口丢弃。交换机端口安全主要有两种类型：一是限制交换机接口的最大连接数；二是针对交换机接口进行 MAC 地址、IP 地址（可选）的绑定。

限制交换机接口的最大连接数可以控制交换机接口下连的主机数，并防止用户进行恶意的 ARP 欺骗。

交换机接口的地址绑定可以针对 MAC 地址、IP 地址（可选）、IP+MAC 地址（可选）进行灵活的绑定，它可以对用户进行严格的控制，从而保证用户的安全接入和防止常见的内部网络的网络攻击。

安全的 MAC 地址类型有如下 3 种。

（1）静态安全的 MAC 地址：手动配置，存储在 MAC 地址表内并加入交换机的配置文件中。

（2）动态安全的 MAC 地址：动态学习，只存储在 MAC 地址表中，在交换机重启后丢失。

（3）黏性安全的 MAC 地址：可以动态学习，也可以手动配置，存储在 MAC 地址表内并加入交换机的配置文件中，如果配置被保存，则即使交换机重启也无须重新进行配置。

安全 MAC 地址的老化时间：在没有为一个接口上的所有安全地址配置老化时间时，所有的安全 MAC 地址永远不失效。但是由于有些安全 MAC 地址很长时间未访问接口，此安全 MAC 地址由于没有失效，因此还要占用安全接口的个数。如果设置了老化时间，在老化时间内，安全 MAC 地址没有访问接口，则将此安全 MAC 地址从安全 MAC 地址表中删除，空出一个安全 MAC 地址位置，以使其他 MAC 地址成为安全 MAC 地址。当设置安全 MAC 地址的最大个数后，可以使交换机自动地增加和删除接口上的安全 MAC 地址。安全 MAC 地址默认的老化时间为 300s。

若一个接口配置了 port-security，则在其安全 MAC 地址的数目已经达到允许的最大个数后，如果该接口再收到一个源 MAC 地址不属于接口的安全 MAC 地址的数据包，则将会产生安全违例。

当产生安全违例时，处理方式有如下 3 种。

（1）protect：当安全 MAC 地址的个数满后，安全接口将丢弃未知名 MAC 地址（不是该接口的安全 MAC 地址中的任何一个）的包。

（2）restrict：当产生安全违例时，将发送一个 trap 通知。

（3）shutdown：当产生安全违例时，将关闭接口并发送一个 trap 通知。

当接口因违例而被关闭后，在全局配置模式下使用 errdisable recovery 命令来将接口从错误状态恢复过来。

交换机端口安全的注意事项如下所述。

（1）交换机端口安全功能只能配置在访问接口、干道接口和 IEEE 802.1Q 的隧道接口上，不能配置在动态接口上。

（2）端口安全的接口不能是 SPAN 的目的接口。

（3）端口安全的接口不能属于聚合链路接口组。

（4）交换机最大连接数限制取值范围为 1～128，默认是 128。

（5）交换机最大连接数限制默认的处理方式是 protect。

（6）交换机不支持针对黏性安全 MAC 地址的老化。

2．端口安全配置

（1）开启端口安全功能。

```
Switch(config)#interface f0/1
Switch(config-if)#switchport port-security
```

（2）配置端口安全 MAC 地址的最大个数。

```
Switch(config-if)#switchport port-security maximum value
```

value 为安全 MAC 地址的最大个数，取值范围为 1～128。

（3）配置处理违例的方式。

```
Switch(config-if)#switchport port-security violation {protect|restrict|shutdown}
```

（4）配置接口与 MAC 地址的绑定。

```
Switch(config-if)#switchport port-security [mac-address mac-address]
```

（5）在 MAC 地址表中添加接口与 MAC 地址的绑定。

```
Switch(config)#mac-address-table static [mac-address] [vlan vlan-id] [interface interface-id]
```

（6）开启基于黏性的安全 MAC 地址学习功能。

```
Switch(config-if)#switchport port-security mac-address sticky
```

（7）配置安全 MAC 地址的老化时间（Cisco Packet Tracer 7.3 模拟器暂不支持此功能）。

```
Switch(config-if)#switchport port-security aging {static|time time}
```

static 表示老化时间将同时应用于手动配置的安全 MAC 地址和自动学习的安全 MAC 地址，否则只应用于自动学习的安全 MAC 地址。

time 表示这个接口上安全 MAC 地址的老化时间，单位是 s（秒），默认为 300s。当用户设置此值为 0 时，安全 MAC 地址老化功能将被关闭，学习到的安全 MAC 地址将不会被老化。

（8）查看接口的端口安全配置信息。

```
//查看接口的端口安全配置信息
Switch#show port-security interface [interface-id]
Switch#show port-security address    //查看安全 MAC 地址信息
//显示某个接口上的安全 MAC 地址信息
Switch#show port-security [interface-id] address
//显示所有安全接口的统计信息，包括最大安全 MAC 地址数、当前安全 MAC 地址数及违例处理方式等
Switch#show port-security
```

❖ **任务小结**

本任务主要介绍了交换机端口安全功能的启用，并且介绍了如何配置端口安全功能中的最大连接数与违例处理方式，以及接口与 MAC 地址的绑定，从而实现控制用户的安全接入，防止非授权用户进行的网络攻击。

任务 2 | IP 访问控制列表的配置

IP 访问控制列表（Access Control List，ACL）用于对流经路由器或交换机的数据包根据一定的规则进行过滤，从而提高网络可管理性和安全性。其主要分为标准 IP 访问控制列表、扩展 IP 访问控制列表和命名 IP 访问控制列表等。本任务分为以下 3 个活动展开介绍。

活动 1　标准 IP 访问控制列表的配置

活动 2　扩展 IP 访问控制列表的配置

活动 3　命名 IP 访问控制列表的配置

活动 1　标准 IP 访问控制列表的配置

❖ **任务描述**

海成公司包括经理部、财务部和销售部，这 3 个部门分属 3 个不同的网段，3 个部门的主机之间使用路由器进行信息传递。为了安全起见，公司领导要求网络管理员对网络的数据流量进行控制，使销售部的主机不能对财务部的主机进行访问，但是经理部的主机可以对财务部的主机进行访问。

❖ **任务分析**

财务部涉及公司许多重要的财务信息和数据，因此保障公司管理部门的主机对财务部的

主机的安全访问，减少普通部门的主机对财务部的主机的访问很有必要，这样可以尽可能地减少网络安全隐患。

在路由器上应用标准 IP 访问控制列表，对访问财务部主机的数据流量进行限制，禁止销售部主机访问财务部主机的数据流量通过，但是对经理部主机访问账务部主机的数据流量不做限制，从而达到保护财务部主机安全的目的。

下面以两台型号为 2911 的路由器来模拟网络，使读者可以学习和掌握标准 IP 访问控制列表的配置方法。配置标准 IP 访问控制列表的拓扑图如图 5.2.1 所示。

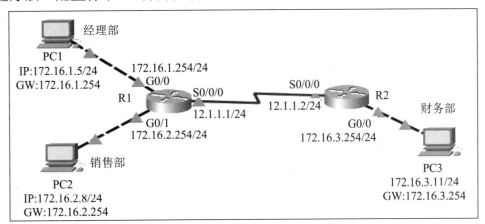

图 5.2.1 配置标准 IP 访问控制列表的拓扑图

具体要求如下：

（1）添加三台计算机，并将标签名分别更改为 PC1、PC2 和 PC3。其中，PC1 代表经理部的主机，PC2 代表销售部的主机，PC3 代表财务部的主机。

（2）添加两台型号为 2911 的路由器，并将标签名分别更改为 R1 和 R2，路由器的名称分别设置为 R1 和 R2。

（3）为 R1 和 R2 添加 HWIC-2T 模块，并均添加在 S0/0/0 接口位置。

（4）PC1 连接 R1 的 G0/0 接口，PC2 连接 R1 的 G0/1 接口，PC3 连接 R2 的 G0/0 接口，R1 的 S0/0/0 接口连接 R2 的 S0/0/0 接口。

（5）根据如图 5.2.1 所示的拓扑图连接好所有网络设备，并设置每台计算机的 IP 地址、子网掩码和默认网关。

（6）使用静态路由实现全网互通。

（7）配置标准 IP 访问控制列表，设置 PC2 所在的网络不能访问 PC3 所在的网络，但是允许 PC1 所在的网络访问 PC3 所在的网络。

❖ **任务实施**

步骤 1：配置 R1 的主机名称和接口 IP 地址。

```
Router>enable
Router#config t
Router(config)#hostname R1
R1(config)#int g0/0
R1(config-if)#ip address 172.16.1.254 255.255.255.0
R1(config-if)#no shutdown
R1(config)#int g0/1
R1(config-if)#ip address 172.16.2.254 255.255.255.0
R1(config-if)#no shutdown
R1(config)#int s0/0/0
R1(config)#clock rate 64000
R1(config-if)#ip address 12.1.1.1 255.255.255.0
R1(config-if)#no shutdown
R1(config-if)#exit
R1(config)#
```

步骤 2：配置 R2 的主机名称和接口 IP 地址。

```
Router>enable
Router#config t
Router(config)#hostname R2
R2(config)#int s0/0/0
R2(config-if)#ip address 12.1.1.2 255.255.255.0
R2(config-if)#no shutdown
R2(config)#int g0/0
R2(config-if)#ip address 172.16.3.254 255.255.255.0
R2(config-if)#no shutdown
R2(config-if)#exit
R2(config)#
```

步骤 3：在 R1 上配置静态路由。

```
R1(config)#ip route 172.16.3.0 255.255.255.0 12.1.1.2
```

步骤 4：在 R2 上配置静态路由。

```
R2(config)#ip route 172.16.1.0 255.255.255.0 12.1.1.1
R2(config)#ip route 172.16.2.0 255.255.255.0 12.1.1.1
```

步骤 5：测试网络的连通性。

在 PC2 上测试 PC2（销售部的主机）与 PC3（财务部的主机）之间的连通性，发现网络可以连通，如图 5.2.2 所示。

步骤 6：配置标准 IP 访问控制列表，禁止 PC2（销售部的主机）访问 PC3（财务部的主机）。

```
//配置标准 IP 访问控制列表的规则：列表号为 10，禁止 172.16.2.0 网段主机的流量通过
R2(config)#access-list 10 deny 172.16.2.0 0.0.0.255
R2(config)#access-list 10 permit any    //允许其他流量通过
R2(config)#int g0/0                        //进入接口
//将标准 IP 访问控制列表应用到 R2 的 G0/0 接口的出口方向
R2(config-if)#ip access-group 10 out
R2(config-if)#exit
R2(config)#
```

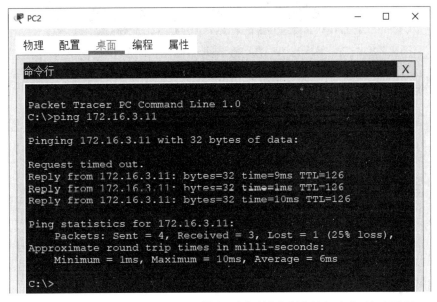

图 5.2.2　在配置标准 IP 访问控制列表前测试计算机之间的连通性

小贴士

为了避免源主机所有流量（包括正常通信流量）均被禁止，标准 IP 访问控制列表要应用在尽量靠近目的地址的接口上。

IP 访问控制列表中的网络掩码是反掩码。

IP 访问控制列表中默认有一条 deny all 语句，因此 IP 访问控制列表中至少要有一条 permit 的条件语句。

❖ 任务验收

1. 测试与查看标准 IP 访问控制列表的信息

在 PC2 上测试 PC2（销售部的主机）与 PC3（财务部的主机）之间的连通性，结果是网络无法连通，如图 5.2.3 所示。

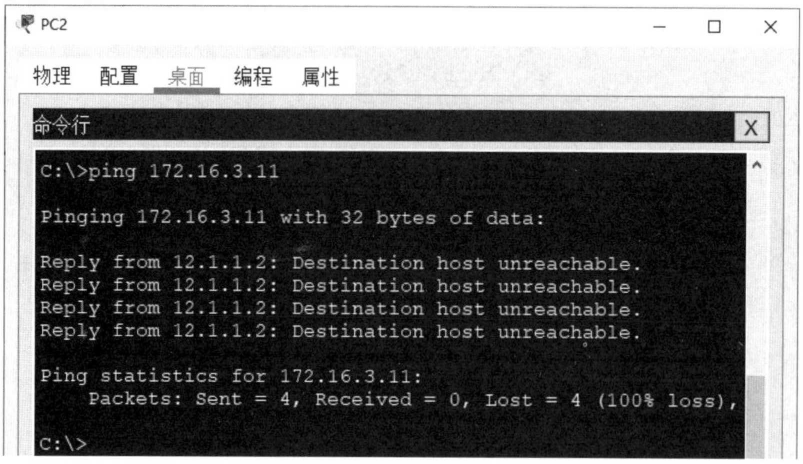

图 5.2.3　在配置标准 IP 访问控制列表后测试计算机之间的连通性

2．查看标准 IP 访问控制列表的信息

```
R2#show access-lists 10
Standard IP access list 10
deny 172.16.2.0 0.0.0.255 (3 match(es))
permit any
R2#
```

❖ 知识链接

1．IP 访问控制列表

1）概述

IP 访问控制列表用于对流经路由器或交换机的数据包根据一定的规则进行过滤，从而实现网络安全访问控制。

2）作用

（1）IP 访问控制列表可以限制网络流量、提高网络性能。

（2）IP 访问控制列表可以限制或减少路由更新的内容。

（3）IP 访问控制列表提供网络安全访问的基本手段。

（4）IP 访问控制列表检查和过滤数据包。

3）工作原理

使用包过滤技术，在路由器或三层交换机上读取第 3 层或第 4 层包头中的信息，如源 IP 地址、目的 IP 地址、源端口、目的端口及上层协议等，根据预先定义的规则决定数据包的过滤，从而达到访问控制的目的，如图 5.2.4 所示。

例如，来自网络 A 的数据包，如果使用端口 23，则允许其通过，而用户的其他访问则会被拒绝，如图 5.2.5 所示。

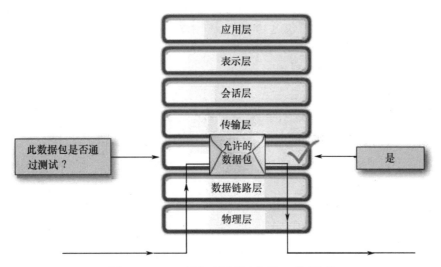

图 5.2.4　IP 访问控制列表的工作原理

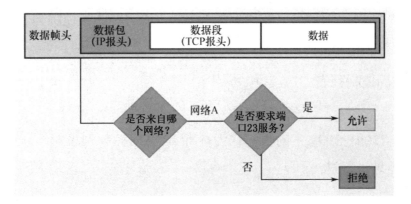

图 5.2.5　IP 数据包访问控制

定义 IP 访问控制列表的工作步骤，如图 5.2.6 所示。

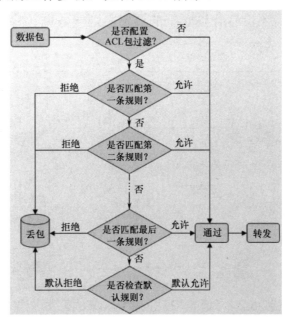

图 5.2.6　定义 IP 访问控制列表的工作步骤

（1）设置规则（哪些数据允许通过，哪些数据不允许通过）。

（2）执行规则。

4）IP 访问控制列表的分类

（1）基本类型的 IP 访问控制列表有如下两类。

标准 IP 访问控制列表：只能通过 IP 数据包中的源 IP 地址进行过滤。

扩展 IP 访问控制列表：可以针对包括协议类型、源 IP 地址、目的 IP 地址、源接口、目的接口、TCP 连接建立等进行过滤。

（2）其他类型的 IP 访问控制列表有如下两类。

命名 IP 访问控制列表：以列表名代替列表编号来定义 IP 访问控制列表，同样包括标准和扩展两类 IP 访问控制列表，定义过滤的语句与编号方式相似。

基于时间的 IP 访问控制列表：在原有的标准或扩展 IP 访问控制列表中，加入有效的时间范围来更合理地控制网络。

2．标准 IP 访问控制列表

1）概述

使用 1～99 及 1300～1999 中的数字作为标准 IP 访问控制列表的编号，并且只能通过 IP 数据包中的源 IP 地址进行过滤。

2）工作原理

当路由器收到一个数据包时，根据该数据包的源 IP 地址从 IP 访问控制列表的第一条语句开始逐条检查各语句。如果检查到匹配语句，则根据语句中是允许或禁止流量通过来处理该数据包；如果检查到最后还没有找到匹配的语句，则该数据包将被丢弃。标准 IP 访问控制列表的工作过程如图 5.2.7 所示。

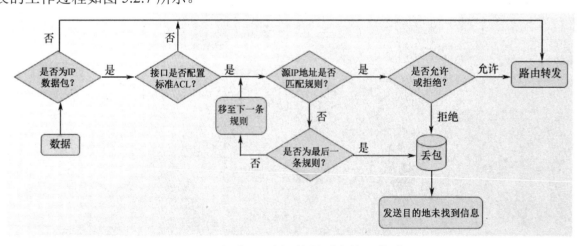

图 5.2.7　标准 IP 访问控制列表的工作过程

在标准或扩展 IP 访问控制列表的末尾，总有一条隐含的 deny all 语句。这意味着如果数据包的源 IP 地址与任意允许语句不匹配，则隐含的 deny all 语句将会禁止该数据包通过。

3）标准 IP 访问控制列表的配置

（1）配置标准 IP 访问控制列表的规则。

```
Router(config)#access-list access-list-number {permit|deny} {any|source source-
wildcard}
```

access-list-number：表示 IP 访问控制列表的编号。

permit/deny：表示 IP 访问控制列表是允许还是拒绝满足条件的数据包通过。

source：表示被过滤数据包的源 IP 地址。

source-wildcard：表示通配符掩码，1 表示不检查位，0 表示必须匹配位。

any/host：表示任意主机或一台特定的主机。

（2）应用标准 IP 访问控制列表到接口上。

```
Router(config-if)#ip access-group access-list-number {in|out}
```

in：表示应用到接口的进入方向，对收到的报文进行检查。

out：表示应用到接口的外出方向，对发送的报文进行检查。

IP 访问控制列表只有被应用到某个接口才能达到报文过滤的目的。接口上通过的报文有两个方向：一个方向是通过接口进入路由器，即 in 方向；另一个方向是通过接口离开路由器，即 out 方向，out 也是 IP 访问控制列表的默认方向。路由器一个接口的一个方向上只能应用一个 IP 访问控制列表。

（3）删除已经建立的标准 IP 访问控制列表。

```
Router(config)#no access-list access-list-number
```

（4）显示 IP 访问控制列表的配置。

```
Router#show access-list access-list-number
```

access-list-number 是可选参数。如果指定该参数，则显示指定编号的 IP 访问控制列表的配置细节；如果不指定该参数，则显示所有 IP 访问控制列表的配置细节。

❖ **任务小结**

本活动介绍了通过配置标准 IP 访问控制列表来实现对公司安全级别较高的部门的网络安全访问的控制。标准 IP 访问控制列表占用路由器的资源很少，是一种最基本、最简单的 IP 访问控制列表格式，应用比较广泛，经常在要求控制级别较低的情况下使用。但是标准 IP 访问控制列表只能通过 IP 数据包中的源 IP 地址进行过滤，如果想要对数据包的传输进行更加复杂的控制，则需要使用扩展 IP 访问控制列表来实现。

活动2 扩展IP访问控制列表的配置

❖ 任务描述

随着业务规模的扩大，海成公司架设了一台服务器，为公司相关用户提供 FTP 服务和 Web 服务。其中，FTP 服务只供技术部访问使用，而 Web 服务则供市场部和技术部访问使用，其余针对服务器的访问均被拒绝。公司局域网通过路由器进行信息传递，通过配置 IP 访问控制列表来实现对网络数据流量的控制。

❖ 任务分析

从公司需求上看，标准 IP 访问控制列表是无法实现所需功能的，因此只能使用扩展 IP 访问控制列表。在路由器上应用扩展 IP 访问控制列表，对访问服务器的数据流量进行控制。禁止市场部访问 FTP 服务的数据流量通过，但是同时服务器又向公司市场部和技术部的用户提供了 Web 服务，除此之外，对服务器的其他访问均被拒绝，从而达到保护服务器和数据安全的目的。

下面以两台型号为 2911 的路由器来模拟网络，使读者可以学习和掌握扩展 IP 访问控制列表的配置方法。配置扩展 IP 访问控制列表的拓扑图如图 5.2.8 所示。

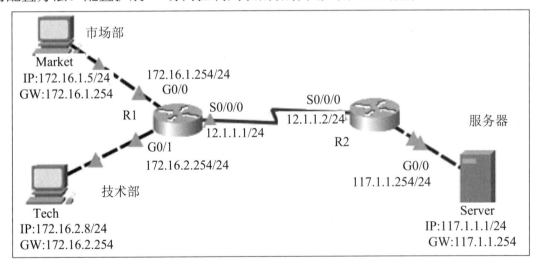

图 5.2.8 配置扩展 IP 访问控制列表的拓扑图

具体要求如下：

（1）添加两台计算机，并将标签名分别更改为 Tech 和 Market。其中，Tech 代表技术部的主机，Market 代表市场部的主机。

（2）添加一台服务器，并将标签名更改为 Server。

（3）添加两台型号为 2911 的路由器，并将标签名分别更改为 R1 和 R2，路由器的名称分别设置为 R1 和 R2。

（4）为 R1 和 R2 添加 HWIC-2T 模块，并均添加在 S0/0/0 接口位置。

（5）Tech 连接 R1 的 G0/1 接口，Market 连接 R1 的 G0/0 接口，Server 连接 R2 的 G0/0 接口，R1 的 S0/0/0 接口连接 R2 的 S0/0/0 接口。

（6）根据如图 5.2.8 所示的拓扑图连接好所有网络设备，并设置 2 台 Client 计算机和 1 台 Server 服务器的 IP 地址、子网掩码和默认网关。

（7）使用静态路由实现全网互通。

（8）配置扩展 IP 访问控制列表，设置市场部的主机不能访问 Server 服务器的 FTP 服务器，而技术部的主机则不受限制，并且市场部和技术部的主机都能访问 Server 服务器的 Web 服务器。

❖ **任务实施**

步骤 1：配置 R1 的主机名称和接口 IP 地址。

```
Router>enable
Router#conf t
Router(config)#hostname R1
R1(config)#int g0/0
R1(config-if)#ip add 172.16.1.254 255.255.255.0
R1(config-if)#no shut
R1(config-if)#int g0/1
R1(config-if)#ip add 172.16.2.254 255.255.255.0
R1(config-if)#no shut
R1(config-if)#int s0/0/0
R1(config-if)#clock rate 64000
R1(config-if)#ip add 12.1.1.1 255.255.255.0
R1(config-if)#no shut
R1(config-if)#
```

步骤 2：配置 R2 的主机名称和接口 IP 地址。

```
Router>enable
Router#conf t
Router(config)#hostname R2
R2(config)#int g0/0
R2(config-if)#ip add 117.1.1.254 255.255.255.0
R2(config-if)#no shut
R2(config-if)#int s0/0/0
```

```
R2(config-if)#ip add 12.1.1.2 255.255.255.0
R2(config-if)#no shut
R2(config-if)#
```

步骤 3：配置静态路由实现全网互通。

（1）在 R1 上配置静态路由。

```
R1(config)#ip route 117.1.1.0 255.255.255.0 12.1.1.2
```

（2）在 R2 上配置静态路由。

```
R2(config)#ip route 172.16.1.0 255.255.255.0 12.1.1.1
R2(config)#ip route 172.16.2.0 255.255.255.0 12.1.1.1
```

步骤 4：测试 Market 和 Tech 对服务器的访问。

（1）在 Market 上测试 Market 对 Server 服务器的 FTP 服务器的访问，发现 Market 可以访问 FTP 服务器，如图 5.2.9 所示。

图 5.2.9　测试 Market 对 Server 服务器的 FTP 服务器的访问

（2）在 Market 上测试 Market 对 Server 服务器的 Web 服务器的访问，发现 Market 可以访问 Web 服务器，如图 5.2.10 所示。

图 5.2.10　测试 Market 对 Server 服务器的 Web 服务器的访问

步骤 5：配置扩展 IP 访问控制列表，针对服务器的访问流量进行控制。

```
//定义扩展 IP 访问控制列表，拒绝市场部的主机对 FTP 服务器的访问
R1(config)#access-list 101 deny tcp 172.16.1.0 0.0.0.255 host 117.1.1.1 eq 20
//定义扩展 IP 访问控制列表，拒绝市场部的主机对 FTP 服务器的访问
R1(config)#access-list 101 deny tcp 172.16.1.0 0.0.0.255 host 117.1.1.1 eq 21
//定义扩展 IP 访问控制列表，允许市场部的主机对 Web 服务器的访问
R1(config)#access-list 101 permit tcp 172.16.1.0 0.0.0.255 host 117.1.1.1 eq 80
//定义扩展 IP 访问控制列表，允许市场部的主机对服务器的其他访问
R1(config)#access-list 101 permit ip any any
```

步骤 6：应用扩展 IP 访问控制列表到接口上。

```
R1(config)#int g0/0
R1(config-if)#ip access-group 101 in
R1(config-if)#
```

小贴士

为了减少被拒绝流量占用的带宽，扩展 IP 访问控制列表要应用在尽量靠近源地址的接口上。

❖ 任务验收

1. 查看扩展 IP 访问控制列表的信息

```
R1#show access-lists 101
Extended IP access list 101
deny tcp 172.16.1.0 0.0.0.255 host 117.1.1.1 eq 20
deny tcp 172.16.1.0 0.0.0.255 host 117.1.1.1 eq ftp
permit tcp 172.16.1.0 0.0.0.255 host 117.1.1.1 eq www
permit ip any any
R1#
```

2. 测试公司各部门的主机对 Server 服务器的应用访问

（1）在 Tech 上测试 Tech 对 Server 服务器的 FTP 服务器的访问，发现 Tech 可以访问 FTP 服务器，如图 5.2.11 所示。

（2）在 Market 上测试 Market 对 Server 服务器的 Web 服务器的访问，发现 Market 可以访问 Web 服务器，如图 5.2.12 所示。

（3）在 Market 上测试 Market 对 Server 服务器的 FTP 服务器的访问，发现 Market 不能访问 FTP 服务器，如图 5.2.13 所示。

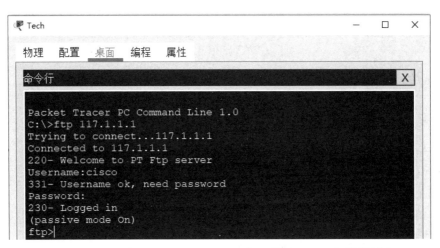

图 5.2.11　测试 Tech 对 Server 服务器的 FTP 服务器的访问

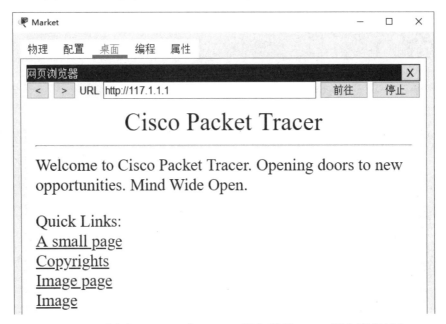

图 5.2.12　测试 Market 对 Server 服务器的 Web 服务器的访问

图 5.2.13　测试 Market 对 Server 服务器的 FTP 服务器的访问

（4）在 Tech 上测试 Tech 对 Server 服务器的 Web 服务器的访问，发现 Tech 可以访问 Web 服务器，如图 5.2.14 所示。

图 5.2.14　测试 Tech 对 Server 服务器的 Web 服务器的访问

❖ 知识链接

1．扩展 IP 访问控制列表概述

扩展 IP 访问控制列表使用 100～199 及 2000～2699 中的数字作为 IP 访问控制列表的编号，可以通过 IP 数据包中的源 IP 地址、目的 IP 地址、协议类型、源端口、目的端口等进行过滤，常用于高级的、精确的访问控制。

2．扩展 IP 访问控制列表的工作原理

当路由器收到一个数据包时，路由器根据数据包中的源 IP 地址、目的 IP 地址、协议类型、源端口、目的端口等从 IP 访问控制列表中自上而下检查控制语句。如果检查到其与一条 permit 语句匹配，则允许该数据包通过；如果检查到其与一条 deny 语句匹配，则该数据包将被丢弃；如果检查到最后一条语句后还没有找到匹配的语句，则该数据包也将被丢弃。如果 IP 访问控制列表允许数据包通过，则路由器会将数据包中的目的 IP 地址与路由器上的内部路由器表相比较，将数据包路由到它的目的地。扩展 IP 访问控制列表的工作过程如图 5.2.15 所示。

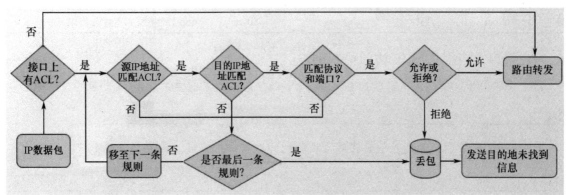

图 5.2.15　扩展 IP 访问控制列表的工作过程

3. 扩展 IP 访问控制列表的配置

（1）配置扩展 IP 访问控制列表的规则。

```
Router(config)#access-list access-list-number {deny|permit} protocol { any |
source source-wildcard } [ operator port ] { any | destination destination-wildcard }
[ operator port ]
```

- access-list-number：表示 IP 访问控制列表的编号，扩展 IP 访问控制列表的编号的取值范围为 100～199 或 2000～2699。
- deny|permit：表示对符合匹配语句的数据包采取的动作。其中，permit 表示允许数据包通过，deny 表示拒绝数据包通过。
- protocol：表示数据包采用的协议，可以是 0～255 中的任意协议号，如 IP、TCP、UDP、IGMP 等协议。
- source-address：表示数据包的源 IP 地址，可以是某个网络、某个子网或某台主机。
- source-wildcard：表示数据包源 IP 地址的通配符掩码。
- destination-address：表示数据包的目的 IP 地址，可以是某个网络、某个子网或某台主机。
- destination-wildcard：表示数据包目的 IP 地址的通配符掩码。
- operator：用于指定逻辑操作，可以是 eq（等于）、neq（不等于）、gt（大于）、lt（小于）或一个 range（范围）。
- port：用于指定被匹配的应用层端口号，默认为全部端口号 0～65535，只有 TCP 和 UDP 协议需要指定端口范围，如 Telnet 为 23、Web 为 80、FTP 为 20 和 21 等。

常见的 TCP/UDP 协议端口号如表 5.2.1 所示。

表 5.2.1　常见的 TCP/UDP 协议端口号

接 口 号	关 键 字	描　　述	端 口 号	关 键 字	描　　述
7	ECHO	回显	25	smtp	简单邮件传输协议
20	ftp-data	文件传输协议（数据）	53	dns	域名服务
21	ftp	文件传输协议（控制）	69	tftp	简单文件传输协议
23	telnet	终端连接	80	http	超文本传输协议

（2）在接口上应用扩展 IP 访问控制列表。

```
Router(config-if)#ip access-group access-list-number {in|out}
```

注 意

尽量将扩展 IP 访问控制列表放置在靠近被拒绝的数据源的位置，这样可以减少被拒绝流量占用的带宽。

（3）删除已经建立的扩展 IP 访问控制列表。

```
Router(config)# no access-list access-list-number
```

（4）显示 IP 访问控制列表的配置。

```
Router#show access-list access-list-number
```

❖ 任务小结

本活动介绍了如何配置扩展 IP 访问控制列表，实现针对不同部门或用户对公司服务器的网络安全访问的控制。扩展 IP 访问控制列表的功能很强大，但是它存在一个缺点，即在没有硬件 IP 访问控制列表加速的情况下，扩展 IP 访问控制列表会消耗大量的路由器 CPU 资源。所以当使用中档和低档路由器时应尽量减少扩展 IP 访问控制列表的条目数，即将其简化为标准 IP 访问控制列表或将多条扩展 IP 访问控制列表合为一条。

活动 3   命名 IP 访问控制列表的配置

❖ 任务描述

海成公司架设了一台服务器，为公司相关用户提供 FTP 服务和 Web 服务。FTP 服务器只为技术部提供服务，Web 服务器为公司用户提供网站访问服务，针对服务器的其他访问流量都能通过。公司局域网通过路由器进行信息传递，通过配置 IP 访问控制列表来实现对网络数据流量的控制。

❖ 任务分析

为了提高网络管理效率，方便日后识别和管理不同部门的访问策略，可以考虑在部署网络安全访问策略时以命名 IP 访问控制列表来完成。

下面以两台型号为 2911 的路由器来模拟网络，使读者可以学习和掌握命名 IP 访问控制列表的配置方法。配置命名 IP 访问控制列表的拓扑图如图 5.2.16 所示。

具体要求如下：

（1）添加两台 PC 计算机，并将标签名分别更改为 Tech 和 Market。其中，Tech 代表技术部的主机，Market 代表市场部的主机。

（2）添加一台服务器，并将标签名更改为 Server。

（3）添加两台型号为 2911 的路由器，并将标签名分别更改为 R1 和 R2，路由器的名称分别设置为 R1 和 R2。

（4）为 R1 和 R2 添加 HWIC-2T 模块，并均添加在 S0/0/0 接口位置。

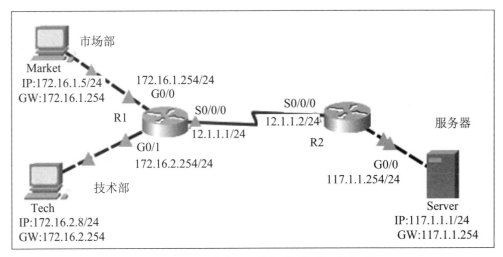

图 5.2.16　配置命名 IP 访问控制列表的拓扑图

（5）Tech 连接 R1 的 G0/1 接口，Market 连接 R1 的 G0/0 接口，Server 连接 R2 的 G0/0 接口，R1 的 S0/0/0 接口连接 R2 的 S0/0/0 接口。

（6）根据如图 5.2.16 所示的拓扑图连接好所有网络设备，并设置 2 台 Client 计算机和 1 台 Server 服务器的 IP 地址、子网掩码和默认网关。

（7）使用静态路由实现全网互通。

（8）配置命名 IP 访问控制列表，设置市场部的主机不能访问 Server 服务器的 FTP 服务器，而技术部的主机则不受限制，并且市场部和技术部的主机都能访问 Server 服务器的 Web 服务器。

❖ **任务实施**

步骤 1：配置 R1 的主机名称和接口 IP 地址。

配置 R1 的主机名称和接口 IP 地址，具体的配置方法请参照本项目活动 2 中的 R1 的基本配置。

步骤 2：配置 R2 的主机名称和接口 IP 地址。

配置 R2 的主机名称和接口 IP 地址，具体的配置方法请参照本项目活动 2 中的 R2 的基本配置。

步骤 3：配置静态路由实现全网互通。

具体的配置方法请参照本项目活动 2 中的静态路由的基本配置。

步骤 4：配置命名 IP 访问控制列表，针对服务器的访问流量进行控制。

```
R1(config)#ip access-list extended web-Ftp-s
R1(config-ext-nacl)#deny tcp 172.16.1.0 0.0.0.255 host 117.1.1.1 eq 20
R1(config-ext-nacl)# deny tcp 172.16.1.0 0.0.0.255 host 117.1.1.1 eq ftp
R1(config-ext-nacl)# permit tcp 172.16.1.0 0.0.0.255 host 117.1.1.1 eq www
```

```
R1(config-ext-nacl)# permit ip any any
R1(config-ext-nacl)#^Z
R1#
```

步骤 5：在接口上应用命名 IP 访问控制列表。

```
R1(config)#int g0/0
R1(config-if)#ip access-group web-Ftp-s in
R1(config-if)#
```

❖ 任务验收

1．查看命名 IP 访问控制列表的信息

```
R1#show access-lists
Extended IP access list web-Ftp-s
10 deny tcp 172.16.1.0 0.0.0.255 host 117.1.1.1 eq 20
20 deny tcp 172.16.1.0 0.0.0.255 host 117.1.1.1 eq ftp
30 permit tcp 172.16.1.0 0.0.0.255 host 117.1.1.1 eq www
40 permit ip any any
R1#
```

2．测试公司各部门的主机对 Server 服务器的应用访问

（1）在 Tech 上测试 Tech 对 Server 服务器的 FTP 服务器的访问，发现 Tech 可以访问 FTP 服务器。

（2）在 Market 上测试 Market 对 Server 服务器的 Web 服务器的访问，发现 Market 可以访问 Web 服务器。

（3）在 Market 上测试 Market 对 Server 服务器的 FTP 服务器的访问，发现 Market 不能访问 FTP 服务器。

（4）在 Tech 上测试 Tech 对 Server 服务器的 Web 服务器的访问，发现 Tech 可以访问 FTP 服务器。

❖ 知识链接

1．命名 IP 访问控制列表

在标准 IP 访问控制列表和扩展 IP 访问控制列表中使用一个字母和数字组合的字符串（名称）代替前面使用的数字来表示 IP 访问控制列表的编号，便于识别编制的 IP 访问控制列表规则内容的功能。

（1）基于编号的 IP 访问控制列表和基于命名的 IP 访问控制列表的主要区别如下所述。

① 命名 IP 访问控制列表能更直观地反映出 IP 访问控制列表完成的功能。

② 命名 IP 访问控制列表能够定义更多的 IP 访问控制列表。

③ 单个路由器上的命名 IP 访问控制列表的名称在所有协议和类型的命名 IP 访问控制列表中必须是唯一的，而不同路由器上的命名 IP 访问控制列表的名称可以相同。

④ 命名 IP 访问控制列表是一个全局命令，它使用户进入命名 IP 访问控制列表的子模式，在该子模式下建立匹配和允许/拒绝动作的相关语句。

⑤ 命名 IP 访问控制列表允许删除个别语句，当一个命名 IP 访问控制列表中的语句需要被删除时，只需将该语句删除即可；而在编号 IP 访问控制列表中则需要先将 IP 访问控制列表中的所有语句都删除，再重新输入。

⑥ 命名 IP 访问控制列表的配置命令为 ip access-list，在命令中使用 standard 和 extended 来区别标准 IP 访问控制列表和扩展 IP 访问控制列表；而编号 IP 访问控制列表的配置命令为 access-list，并且使用编号来区别标准 IP 访问控制列表和扩展 IP 访问控制列表。

（2）基于命名的标准 IP 访问控制列表的配置。

① 定义标准 IP 访问控制列表的名称。

```
Router(config)#ip access-list standard {name}
```

② 配置 IP 访问控制列表的规则。

```
Router(config-std-nacl)#{permit|deny} {any|source source-wildcard}
```

③ 应用 IP 访问控制列表的规则。

```
Router(config-if)#ip access-group {name} {in|out}
```

④ 显示 IP 访问控制列表的配置。

```
Router#show access-lists {aclname}
```

（3）基于命名的扩展 IP 访问控制列表的配置。

① 定义扩展 IP 访问控制列表的名称。

```
Router(config)# ip access-list extended { name }
```

② 配置 IP 访问控制列表的规则。

```
Router(config-ext-nacl)#{ permit | deny } protocol { any | source source-wildcard }
[ operator port ] { any | destination destination-wildcard } [ operator port ]
```

③ 应用 IP 访问控制列表的规则。

```
Router(config-if)#ip access-group {name} {in|out}
```

④ 显示 IP 访问控制列表的配置。

```
Router#show access-lists {aclname}
```

❖ 任务小结

本活动主要介绍了如何配置命名 IP 访问控制列表，以针对不同部门或用户对公司 FTP

服务器不同的网络安全访问的控制。如果配置 IP 访问控制列表的规则比较多，则应该使用命名 IP 访问控制列表来进行管理，这样可以减轻很多后期维护的工作量，方便网络管理员随时调整 IP 访问控制列表的规则。

任务 3 ｜ 网络地址转换的配置

网络地址转换（Network Address Translation，NAT）的功能是将企业内部自行定义的私有 IP 地址转换为 Internet 上可识别的合法 IP 地址。由于现行 IP 地址标准——IPv4 的限制，Internet 面临着 IP 地址空间短缺的问题，因此从 ISP 申请并给企业的每位员工分配一个合法 IP 地址是不现实的。NAT 技术能较好地解决现阶段 IPv4 地址短缺的问题。本任务分为以下两个活动展开介绍。

活动 1　利用动态 NAPT 技术实现局域网访问 Internet

活动 2　利用静态 NAT 技术实现外部网络主机访问内部网络服务器

活动 1　利用动态 NAPT 技术实现局域网访问 Internet

在通常情况下，园区网内有很多台主机，从 ISP 申请并给园区网中的每台主机分配一个合法 IP 地址是不现实的，因此为了使所有内部主机都可以连接到 Internet，需要使用网络地址转换技术。此外，网络地址转换技术还可以有效地隐藏内部局域网中的主机，具有一定的网络安全保护作用。

❖ 任务描述

由于业务的需要，海成公司的办公网络需要接入 Internet，网络管理员向网络运营商申请了一条专线，该专线分配了一个公有网络 IP 地址。要求公司所有部门的主机都能访问外部网络。

❖ 任务分析

海成公司的办公网络通过路由器与外部网络连接，并且只申请到一个公有网络 IP 地址，即与公有网络直连的路由器接口的 IP 地址。传统的 NAT 一般是指一对一的地址映射，不能同时满足所有内部网络中的主机与外部网络通信的需要，而 NAPT（Network Address Port Translation，网络地址端口转换）可以在将网络地址转换后，使多个本地 IP 地址对应一个或多个全局 IP 地址。采用动态 NAPT 技术可以实现局域网中多台主机共用一个或少数几个公有网络 IP 地址来访问互联网。

下面以两台型号为 2911 的路由器来模拟网络，使读者可以学习和掌握利用动态 NAPT 技术实现局域网访问 Internet 的配置方法。配置利用动态 NAPT 技术实现局域网访问 Internet 的拓扑图如图 5.3.1 所示。

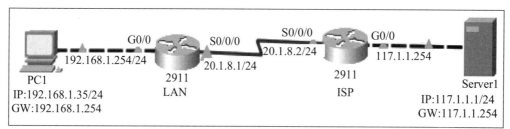

图 5.3.1 配置利用动态 NAPT 技术实现局域网访问 Internet 的拓扑图

具体要求如下：

（1）添加一台计算机和 1 台服务器，并将标签名分别更改为 PC1 和 Server1。其中，PC1 代表公司内部的计算机，Server1 代表公有网络上的一台 Web 服务器。

（2）添加两台型号为 2911 的路由器，并将标签名分别更改为 LAN 和 ISP，路由器的名称分别设置为 LAN 和 ISP。

（3）为 LAN 和 ISP 添加 HWIC-2T 模块，并均添加在 S0/0/0 接口位置，路由器之间使用 DCE 串口线互连，模拟与公有网络互联。

（4）根据如图 5.3.1 所示的拓扑图连接好所有网络设备，并设置计算机和服务器的 IP 地址、子网掩码和默认网关。

（5）在 LAN 上使用默认路由实现数据包向外转发。

（6）在 LAN 上配置动态 NAPT，实现内部网络的计算机能通过公有网络 IP 地址访问 Internet 上的服务器，动态 NAPT 地址池使用的 IP 地址段为 20.1.8.3～20.1.8.5。

❖ **任务实施**

步骤 1：配置 LAN 的主机名称及其接口 IP 地址。

```
Router>enable
Router#conf t
Router(config)#hostname LAN
LAN(config)#int g0/0
LAN(config-if)#ip address 192.168.1.254 255.255.255.0
LAN(config-if)#no shutdown
LAN(config)#int s0/0/0
LAN(config-if)#ip address 20.1.8.1 255.255.255.0
LAN(config-if)#no shutdown
LAN(config-if)#
```

步骤 2：配置 ISP 的主机名称及其接口 IP 地址。

```
Router>enable
Router#conf t
Router(config)#hostname ISP
ISP(config)#int s0/0/0
ISP(config-if)#clock rate 64000      //设置 DCE 设备接口的时钟频率
ISP(config-if)#ip address 20.1.8.2 255.255.255.0
ISP(config-if)#no shutdown
ISP(config)#int g0/0
ISP(config-if)#ip add 117.1.1.254 255.255.255.0
ISP(config-if)#no shutdown
ISP(config-if)#
```

步骤 3：在 LAN 上配置默认路由，实现外部网络可达。

```
LAN(config)#ip route 0.0.0.0 0.0.0.0 s0/0/0
```

步骤 4：在 LAN 上配置动态 NAPT，使公司内部网络中的用户可以访问外部网络中的 Web 服务器。

```
//配置 IP 访问控制列表，定义需要通过网络地址转换来访问外部网络的用户
LAN(config)#access-list 10 permit 192.168.1.0 0.0.0.255
LAN(config)#ip nat pool to_internet 20.1.8.3 20.1.8.5 netmask 255.255.255.0
                                     //定义 NAT 地址池
//配置动态 NAPT，实现网络地址转换
LAN(config)#ip nat inside source list 10 pool to_internet overload
LAN(config)#int s0/0/0               //进入出口路由器的外部网络接口
LAN(config-if)#ip nat outside        //定义 NAT 的外部网络接口
LAN(config-if)#exit
LAN(config)#int g0/0                 //进入出口路由器的内部网络接口
LAN(config-if)#ip nat inside         //定义 NAT 的内部网络接口
LAN(config-if)#end
LAN#write
```

> **小贴士**
>
> 在出口路由器上需要正确设置 NAT 的内部网络接口和外部网络接口。
> 在配置内部网络通信时，需要添加能使内部网络数据包向外转发的路由，如默认路由等。
> 在内部网络中的用户较多的情况下，尽量不要使用广域网接口 IP 地址作为映射的全局 IP 地址，因为路由器支持的 PAT 会话是有限制的。

❖ 任务验收

1. 测试内部网络中的用户能否访问外部网络中的 Web 服务器，如图 5.3.2 所示

图 5.3.2　测试内部网络中的用户能否访问外部网络中的 Web 服务器

2. 查看 NAT 配置信息

（1）查看 NAT 映射表。

```
LAN#show ip nat translations
Pro    Inside global Inside local     Outside local Outside global
tcp    20.1.8.3:1025 192.168.1.35:1025     117.1.1.1:80  117.1.1.1:80
LAN#
```

（2）查看 NAT 信息统计表。

```
R1#show ip nat statistics
Total translations: 1 (0 static, 1 dynamic, 1 extended)
Outside Interfaces: Serial0/0/0
Inside Interfaces: GigabitEthernet0/0
Hits: 8 Misses: 1
Expired translations: 0
Dynamic mappings:
-- Inside Source
access-list 10 pool to_internet refCount 1
pool to_internet: netmask 255.255.255.0
start 20.1.8.3 end 201.1.8.5
type generic, total addresses 1 , allocated 1 (33%), misses 0
R1#
```

❖ **知识链接**

1. NAT 概述

目前，互联网的一个重要问题是对 IP 地址的需求急剧膨胀，IP 地址空间衰竭，而 NAT 技术的使用则在一定程度上解决了该问题。NAT 技术的使用，使得一个组织内部的私有 IP 地址转换为可以在互联网上通信的公有 IP 地址，从而实现了组织内部网络与互联网的连接，而不需要重新给组织内部网络中的每台主机分配公有 IP 地址。

NAT 的优点如下所述。

（1）节省 IP 地址资源，在一定程度上解决了 IP 地址短缺的问题。

（2）可以实现服务器 TCP 负载均衡，维持 TCP 会话。

（3）连接地址池中的 IP 地址可以是虚拟 IP 地址，不一定需要配置在物理接口上，这样维护起来比较方便。

（4）可以解决地址重叠问题。

NAT 的缺点如下所述。

（1）增加了传输延迟。

（2）隐藏了端对端的 IP 地址，不利于某些程序的应用。

（3）不便于跟踪、管理。

2. NAT 的工作过程

（1）客户机将数据包发送到运行 NAT 的计算机上。

（2）NAT 将数据包中的端口号和专用的 IP 地址转换为自己的端口号和公用的 IP 地址，然后将数据包发送给外部网络中的目的主机，同时在映像表中记录跟踪信息，以便向客户机发送回答信息。

（3）外部网络发送回答信息给 NAT。

（4）NAT 将收到的数据包的端口号和公用的 IP 地址转换为客户机的端口号和内部网络使用的专用 IP 地址，并转发给客户机。

3. NAT 配置

1）静态 NAT

静态 NAT 将内部 IP 地址和外部 IP 地址进行一对一的转换。这种方法要求申请到的合法 IP 地址足够多，可以与内部 IP 地址一一对应。

静态 NAT 一般用于那些需要固定的合法 IP 地址的主机，如 Web 服务器、FTP 服务器、E-mail 服务器等，如图 5.3.3 所示。

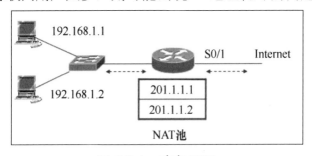

图 5.3.3　静态 NAT

其配置步骤如下所述。

（1）定义内部源 IP 地址静态转换关系：

```
Router(config)#ip nat inside source static local-address global-address
```

（2）定义接口连接内部网络：

```
Router(config)#ip nat inside
```

（3）定义接口连接外部网络：

```
Router(config)#ip nat outside
```

示例如下：

```
Router(config)#ip nat inside source static 192.168.1.1 201.1.1.1
Router(config)#int e0/1
Router(config-if)#in nat inside
Router(config)#int s0/1
Router(config-if)#in nat outside
```

2）动态 NAT

动态 NAT 将多个合法 IP 地址统一地组织起来，构成一个 IP 地址池。当有主机需要访问外部网络时，分配一个合法 IP 地址与内部 IP 地址进行转换，当主机使用结束后，归还该 IP 地址。对于 NAT 池，如果同时联网用户太多，则可能出现 IP 地址耗尽的问题，如图 5.3.4 所示。

图 5.3.4　动态 NAT

其配置步骤如下所述。

（1）定义全局 IP 地址池：

```
Router(config)#ip nat pool address-pool start-address end-address {network mask
| prefix-length prefix-length }
```

（2）定义 IP 访问控制列表，只有匹配该列表的 IP 地址才能转换：

```
Router(config)#access-list access-list-number permit ip-address wildcard
```

（3）定义内部源 IP 地址动态转换关系：

```
Router(config)#ip nat inside source list access-list-number pool address- pool
```

（4）定义接口连接内部网络：

```
Router(config)#ip nat inside
```

（5）定义接口连接外部网络：

```
Router(config)#ip nat outside
```

示例如下：

```
Router(config)#ip nat pool to_internet 201.1.1.1 201.1.1.2 netmask 255.255.255.0
Router(config)#access-list 10 permit 192.168.1.0 0.0.0.255
Router(config)#ip nat inside source list 10 pool to_internet
Router(config)#int e0/1
Router(config-if)#in nat inside
Router(config)#int s0/1
Router(config-if)#in nat outside
```

3）PAT

使用 PAT（端口多路复用）技术，将多个内部 IP 地址映射为一个合法 IP 地址，使用不同的端口号区分各个内部 IP 地址。这种方法只需要一个合法 IP 地址。路由器支持的 PAT 会话数是有限制的，所以使用 PAT 技术的局域网，其网络的规模不能太大。

在端口多路复用技术中，使用端口区分的不是一台主机，而是一个会话（网络连接），当一台主机同时建立多个会话时，它的每个会话会占用一个端口映射。从理论上来讲，一个 IP 地址可以映射约 65 000 个会话，但是实际的路由器往往只支持几千个会话（Cisco 路由器支持约 4000 个会话），如图 5.3.5 所示。

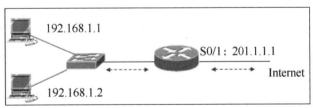

图 5.3.5　PAT

其配置步骤如下所述。

（1）定义 IP 访问控制列表，只有匹配该列表的 IP 地址才能转换：

```
Router(config)#access-list access-list-number permit ip-address wildcard
```

（2）定义内部源 IP 地址复用转换关系：

```
Router(config)#ip nat inside source list access-list-number interface interface-
number overload
```

（3）定义接口连接内部网络：

```
Router(config)#ip nat inside
```

（4）定义接口连接外部网络：

```
Router(config)#ip nat outside
```

示例如下：

```
Router(config)#access-list 10 permit 192.168.1.0 0.0.0.255
Router(config)#ip nat inside source list 10 interface s0/1 overload
Router(config)#int e0/1
Router(config-if)#in nat inside
Router(config)#int s0/1
Router(config-if)#in nat outside
```

❖ 任务小结

本活动介绍了如何使用动态 NAPT 技术来使内部网络用户通过网络地址转换来访问 Internet。采用动态 NAPT 技术可以实现多个内部网络本地 IP 地址共用一个或少数几个公有网络 IP 地址来访问互联网，同时每个公有网络 IP 地址通过端口号来区分内部网络主机发起的会话，极大地缓解了内部网络主机数量多而公有网络 IP 地址短缺的矛盾，在园区网中应用比较广泛。

活动 2　利用静态 NAT 技术实现外部网络主机访问内部网络服务器

❖ 任务描述

海成公司的办公网络接入了 Internet，由于需要进行企业宣传，因此建立了用于产品推广和业务交流的网站。目前，海成公司只向网络运营商申请了两个公有网络 IP 地址，服务器位于公司内部网络中。要求海成公司内部网络中的用户能够访问 Internet，并要求客户在互联网上可以访问公司的内部网站。

❖ 任务分析

基于私有 IP 地址与公有 IP 地址不能直接通信的原则，公有网络中的计算机是不能直接访问内部网络服务器的。如果想要使内部网络服务器上的服务能够被外部网络主机访问，就需要将内部网络服务器的私有 IP 地址通过静态 NAT 技术映射到公有网络 IP 地址上，这样互联网上的用户才能通过公有网络 IP 地址来访问内部网络服务器。

下面以两台型号为 2911 的路由器来模拟网络，使读者可以学习和掌握利用静态 NAT 技术实现外部网络主机访问内部网络服务器的配置方法。配置利用静态 NAT 技术实现外部网络主机访问内部网络服务器的拓扑图如图 5.3.6 所示。

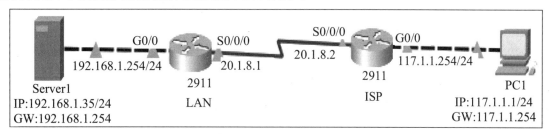

图 5.3.6　配置利用静态 NAT 技术实现外部网络主机访问内部网络服务器的拓扑图

具体要求如下：

（1）添加一台计算机和 1 台服务器，并将标签名分别更改为 PC1 和 Server1。其中，PC1 代表公有网络中的计算机，Server1 代表公司内部网络中的一台 Web 服务器。

（2）添加两台型号为 2911 的路由器，并将标签名分别更改为 LAN 和 ISP，路由器的名称分别设置为 LAN 和 ISP。

（3）为 LAN 和 ISP 添加 HWIC-2T 模块，并均添加在 S0/0/0 接口位置，路由器之间使用 DCE 串口线互连，模拟与公有网络互联。

（4）根据如图 5.3.6 所示的拓扑图连接好所有网络设备，并设置计算机和服务器的 IP 地址、子网掩码和默认网关。

（5）在 LAN 上使用默认路由实现数据包向外转发。

（6）在 LAN 上配置静态 NAT，实现公有网络中的计算机能访问内部网络中的 Web 服务器，动态映射 IP 地址为 20.1.8.9。

❖ 任务实施

步骤 1：配置 LAN 的主机名称及其接口 IP 地址。

```
Router>enable
Router#conf t
Router(config)#hostname LAN
LAN(config)#int g0/0
LAN(config-if)#ip address 192.168.1.254 255.255.255.0
LAN(config-if)#no shutdown
LAN(config)#int s0/0/0
LAN(config-if)#ip address 20.1.8.1 255.255.255.0
LAN(config-if)#no shutdown
LAN(config-if)#
```

步骤 2：配置 ISP 的主机名称及其接口 IP 地址。

```
Router>enable
Router#conf t
Router(config)#hostname ISP
ISP(config)#int s0/0/0
ISP(config-if)#clock rate 64000
ISP(config-if)#ip address 20.1.8.2 255.255.255.0
ISP(config-if)#no shutdown
ISP(config)#int g0/0
ISP(config-if)#ip address 117.1.1.254 255.255.255.0
ISP(config-if)#no shutdown
ISP(config-if)#end
ISP#write
```

步骤 3：在 LAN 上配置默认路由，实现外部网络可达。

```
LAN(config)#ip route 0.0.0.0 0.0.0.0 s0/0/0
```

步骤 4：在 LAN 上配置静态 NAT，使外部网络中的主机可以访问公司内部网络中的 Web 服务器。

```
//（方法一）定义直接的静态 NAT
LAN(config)#ip nat inside source static 192.168.1.35 20.1.8.9
//（方法二）定义基于 80 端口的静态 NAT
LAN(config)#ip nat inside source static tcp 192.168.1.35 80 20.1.8.9 80
LAN(config)#interface gigabitEthernet 0/0
LAN(config-if)#ip nat inside
LAN(config-if)#exit
LAN(config)#interface serial 0/0/0
LAN(config-if)#ip nat outside
LAN(config-if)#end
LAN#write
```

❖ **任务验收**

1. 测试外部网络主机能否访问内部网络 Web 服务器，发现可以访问，如图 5.3.7 所示

2. 查看 NAT 配置信息

（1）查看 NAT 映射表。

```
LAN#show ip nat translations
Pro      Inside global    Inside local      Outside local  Outside global
tcp      20.1.8.9:80      192.168.1.35:80   ---            ---
LAN#
```

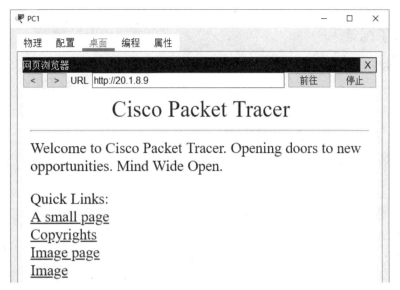

图 5.3.7　测试外部网络主机能否访问内部网络 Web 服务器

（2）查看 NAT 信息统计表。

```
LAN#show ip nat statistics
Total translations: 1 (1 static, 0 dynamic, 1 extended)
Outside Interfaces: Serial0/0/0
Inside Interfaces: GigabitEthernet0/0
Hits: 0 Misses: 0
Expired translations: 0
Dynamic mappings:
-- Inside Source
access-list 10 pool to_internet refCount 0
pool to_internet: netmask 255.255.255.0
start 201.1.8.9 end 201.1.8.9
type generic, total addresses 1 , allocated 0 (0%), misses 0
LAN#
```

❖ **知识链接**

1. 静态 NAPT

基于端口的静态网络地址映射就是静态 NAPT。传统的 NAT 一般是指一对一的地址映射，不能同时满足所有内部网络中的主机与外部网络通信的需要。使用 NAPT 技术可以将多个内部本地 IP 地址映射到一个内部全局 IP 地址上。

NAPT 分为静态 NAPT 和动态 NAPT。静态 NAPT 一般应用于将内部网络中指定主机的指定端口映射到全局 IP 地址的指定端口上。而静态 NAT 则将内部网络主机映射为全局 IP 地址，显然不可能提供那么多的全局 IP 地址。

2．静态 NAPT 配置

（1）定义内部源 IP 地址静态转换关系，即基于端口的静态映射：

```
Router(config)#ip nat inside source static {UDP | TCP} local-address port
global-address port
```

（2）定义接口连接内部网络：

```
Router(config)#ip nat inside
```

（3）定义接口连接外部网络：

```
Router(config)#ip nat outside
```

示例如下：

```
//将内部网络IP地址为192.168.1.1的主机的Web服务静态映射到公有网络IP地址
//（201.1.1.1）上
Router(config)#ip nat inside source static tcp 192.168.1.1 80 201.1.1.1 80
Router(config)#int e0/1
Router(config-if)#in nat inside
Router(config)#int s0/1
Router(config-if)#in nat outside
```

❖ 任务小结

本活动介绍了如何配置基于端口的静态网络地址映射（静态 NAPT）来实现外部网络用户访问内部网络 Web 服务器。针对园区网中服务器只向外部网络提供部分应用服务的情况，一般会采用静态 NAPT 来实现，这样既可以在一定程度上保护内部网络服务器，又可以尽可能地节约公有网络 IP 地址。

项 目 实 训

（1）海成公司组建了园区网络，网络拓扑图如图 5.3.8 所示。海成公司有行政部、财务部、职工宿舍、销售部和网管中心 5 个部门。其中，行政部、财务部、职工宿舍及网管中心的主机通过公司的核心交换机进行连接，实现数据交换；而销售部的主机则通过一条专线直接连接到出口路由器上。公司的核心交换机与出口路由器直接相连，以实现公司各部门的主机之间的通信。同时，海成公司向 ISP 申请了一组公有网络 IP 地址，用于实现公司内部网络用户访问 Internet。网络设备和计算机的 IP 地址信息如表 5.3.1 所示。

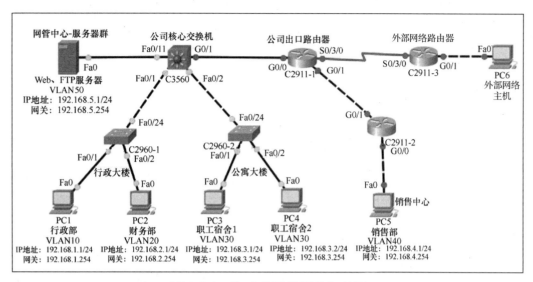

图 5.3.8　海成公司的网络拓扑图

表 5.3.1　网络设备和计算机的 IP 地址信息

设　　备	接　　口	IP 地 址	默 认 网 关
C2911-1	G0/0	192.168.10.2/24	
	G0/1	192.168.11.2/24	
	S0/3/0（DCE 端）	201.1.1.1/24	
C2911-2	G0/1	192.168.11.1/24	
	G0/0	192.168.4.254/24	
C2911-3	S0/3/0	201.1.1.100/24	
	G0/1	200.1.1.254/24	
C3560	G0/1	192.168.10.1/24	
	VLAN10	192.168.1.254/24	
	VLAN20	192.168.2.254/24	
	VLAN30	192.168.3.254/24	
	VLAN50	192.168.5.254/24	
服务器群	Fa0	192.168.5.1/24	192.168.5.254
外部网络主机	Fa0	200.1.1.1/24	200.1.1.254

要求实现以下功能。

① 部署公司内部的网络安全，保障工作网络正常运行，强化对公司内部网络的管理。

② 内部网络用户能够正常访问互联网。

③ 向外部网络用户提供公司的网站服务，尽可能地保障内部网络服务器的安全。

（2）海成公司的网络拓扑图如图 5.3.8 所示。要求实现下列功能。

① 实现公司内部网络通信及内部网络用户访问外部网络的链路可达。

② 在公司内部网络所有接入交换机上配置端口安全功能，要求设置接口的最大连接数为

1，违例处理方式为 restrict。同时，为了减轻网络建设初期接口与 MAC 地址绑定的工作量，要求配置基于黏性的安全 MAC 地址功能。

③ 在核心交换机上配置端口安全功能，要求设置服务器 MAC 地址与接口绑定，违例处理方式为 shutdown。

④ 部署内部网络部门之间的访问控制，要求网管中心服务器只向用户提供 Web 服务和 FTP 服务。其中，FTP 服务只响应行政部主机的访问，而其他部门的主机对服务器的所有访问流量均被阻止。

⑤ 公司申请了公有网络 IP 地址池（201.1.1.2/24～201.1.1.5/24）。配置动态 NAPT 实现内部网络中的用户通过公有网络 IP 地址池（201.1.1.2/24～201.1.1.4/24）来访问互联网。

⑥ 配置基于端口的静态网络地址映射，实现外部网络中的用户通过公有网络 IP 地址 201.1.1.5/24 的 80 端口来访问内部网络中的 Web 服务器。

项目 6

广域网技术配置

项目描述

　　广域网（Wide Area Network，WAN）也称远程网，是一种运行地域超过局域网的数据通信网络，通常跨接很大的物理范围，所覆盖的范围从几十千米到几千千米，所以它能连接多个城市或国家，或者横跨几个大洲提供远距离通信，形成国际性的远程网络。广域网和局域网的主要区别之一是需要向外部的广域网服务提供商申请订购广域网电信网络服务，一般使用电信运营商提供的数据链路在广域网范围内访问网络。

　　本项目重点介绍路由器的广域网协议配置和路由器的广域网 PPP 协议封装验证。

知识目标

1. 了解广域网的相关概念和常识。
2. 了解 HDLC 协议封装的作用。
3. 了解 PPP 协议封装的作用。
4. 理解 PPP 协议封装中 PAP 协议与 PPP 协议的作用和区别。
5. 理解 PAP 验证与 CHAP 验证的基本过程。

能力目标

1. 能实现 HDLC 协议封装的配置方法。
2. 能实现 PPP 协议封装的配置方法。
3. 能实现 PPP 协议封装 PAP 验证的配置和验证方法。
4. 能实现 PPP 协议封装 CPAP 验证的配置和验证方法。

1. 不仅培养读者的团队合作精神和写作能力，还培养读者的协同创新能力。

2. 不仅培养读者的交流沟通能力和独立思考能力，还培养读者严谨的逻辑思维能力，使其能够正确地处理广域网中的问题。

3. 培养读者的信息素养和学习能力，使其能够运用正确的方法和技巧掌握新知识、新技能。

4. 培养读者系统分析与解决问题的能力，使其能够掌握相关知识点并完成项目任务。

思政目标

培养读者良好的职业道德和严谨的职业素养，使其在处理广域网中的故障时可以做到一丝不苟。

思维导图

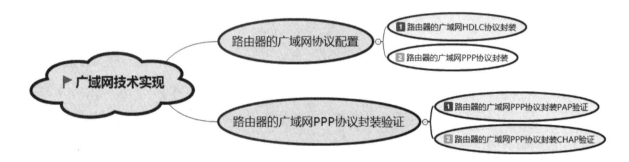

任务1 路由器的广域网协议配置

广域网常用的数据链路层协议有高级数据链路控制（High-level Data Link Control，HDLC）协议和点到点协议（Point to Point Protocol，PPP）。这些协议定义了数据帧的封装、传输和控制。本任务分为以下两个活动展开介绍。

活动1 路由器的广域网 HDLC 协议封装

活动2 路由器的广域网 PPP 协议封装

活动1 路由器的广域网 HDLC 协议封装

HDLC 协议是一种标准的用于在同步网络中传输数据的、面向比特的数据链路层协议。该协议具有无差错数据传输和流量控制两种功能。作为面向比特的同步通信协议，HDLC 协议不仅支持全双工点对点的透明传输，还支持对等链路。

❖ 任务描述

海成公司成功搭建了总公司和分公司的局域网，并且运行良好。现在海成公司购置了两台路由器和高速同步串行模块，准备通过专线将总公司和分公司的局域网连接起来，以便公司内部数据的通信。

❖ 任务分析

将两台路由器通过高速同步串行模块连接起来，使用 HDLC 协议进行数据封装和传输。HDLC 协议不仅提供了无差错的按序数据传输，还提供了流量控制、差错检测和恢复功能，以保证数据的完整性。

下面以两台型号为 2911 的路由器来模拟公有网络，使读者可以学习和掌握路由器的广域网 HDLC 协议封装的配置方法。配置路由器的广域网 HDLC 协议封装的拓扑图如图 6.1.1 所示。

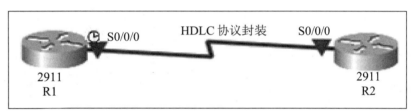

图 6.1.1　配置路由器的广域网 HDLC 协议封装的拓扑图

具体要求如下：

（1）添加两台型号为 2911 的路由器，并将标签名分别更改为 R1 和 R2，路由器的名称分别设置为 R1 和 R2。

（2）为 R1 和 R2 添加 HWIC-2T 模块，并均添加在 S0/0/0 接口位置。

（3）使用 V35 串口线连接两台路由器的 S0/0/0 接口，并将 R1 设置为 DCE 端。

（4）设置网络设备参数，如表 6.1.1 所示。

表 6.1.1　网络设备参数

设　　备	接　　口	IP 地址	子 网 掩 码	默 认 网 关
R1	S0/0/0（DCE 端）	202.96.2.1	255.255.255.252	无
R2	S0/0/0	202.96.2.2	255.255.255.252	无

（5）在两台路由器之间做 HDLC 协议封装，并测试两台路由器之间的连通性。

❖ 任务实施

步骤1：R1的基本配置。

```
Router>enable                          //进入特权模式
Router#config terminal                 //进入全局配置模式
Router(config)#hostname R1             //修改主机名称
R1(config)#interface s0/0/0            //进入S0/0/0接口配置模式
R1(config-if)#clock rate 2000000      //设置DCE端同步时钟频率
R1(config-if)#encapsulation hdlc      //封装HDLC协议
//配置S0/0/0接口的IP地址
R1(config-if)#ip address 202.96.2.1 255.255.255.252
R1(config-if)#no shutdown             //启用接口
R1(config-if)#
```

步骤2：查看R1的接口配置情况。

```
R1#show interfaces s0/0/0              //查看接口的状态
//接口和协议的状态均为down
Serial0/0/0 is down, line protocol is down (disabled)
Hardware is HD64570
Internet address is 202.96.2.1/30
MTU 1500 bytes, BW 1544 Kbit, DLY 20000 usec,
reliability 255/255, txload 1/255, rxload 1/255
Encapsulation HDLC, loopback not set, keepalive set (10 sec) //查看封装协议
Last input never, output never, output hang never
Last clearing of "show interface" counters never
Input queue: 0/75/0 (size/max/drops); Total output drops: 0
Queueing strategy: weighted fair
Output queue: 0/1000/64/0 (size/max total/threshold/drops)
Conversations  0/0/256 (active/max active/max total)
Reserved Conversations 0/0 (allocated/max allocated)
Available Bandwidth 1158 kilobits/sec
5 minute input rate 0 bits/sec, 0 packets/sec
5 minute output rate 0 bits/sec, 0 packets/sec
0 packets input, 0 bytes, 0 no buffer
Received 0 broadcasts, 0 runts, 0 giants, 0 throttles
0 input errors, 0 CRC, 0 frame, 0 overrun, 0 ignored, 0 abort
0 packets output, 0 bytes, 0 underruns
0 output errors, 0 collisions, 1 interface resets
```

```
0 output buffer failures, 0 output buffers swapped out
0 carrier transitions
DCD=up DSR=up DTR=up RTS=up CTS=up
R1#
```

步骤 3：R2 的基本配置。

```
Router>enable                        //进入特权模式
Router#config terminal               //进入全局配置模式
Router(config)#hostname R2           //修改主机名称
R2(config)#interface s0/0/0          //进入 S0/0/0 接口配置模式
R2(config-if)#encapsulation hdlc     //封装 HDLC 协议
//配置 S0/0/0 接口的 IP 地址
R2(config-if)#ip address 202.96.2.2 255.255.255.252
R2(config-if)#no shutdown            //启用接口
R2(config-if)#
```

步骤 4：再次查看 R1 的接口配置情况。

```
R1#show int s0/0/0
Serial0/0/0 is up, line protocol is up (connected)
Hardware is HD64570
Internet address is 202.96.2.1/30
MTU 1500 bytes, BW 1544 Kbit, DLY 20000 usec,
reliability 255/255, txload 1/255, rxload 1/255
Encapsulation HDLC, loopback not set, keepalive set (10 sec) //查看封装协议
Last input never, output never, output hang never
Last clearing of "show interface" counters never
Input queue: 0/75/0 (size/max/drops); Total output drops: 0
Queueing strategy: weighted fair
Output queue: 0/1000/64/0 (size/max total/threshold/drops)
Conversations 0/0/256 (active/max active/max total)
Reserved Conversations 0/0 (allocated/max allocated)
Available Bandwidth 1158 kilobits/sec
5 minute input rate 0 bits/sec, 0 packets/sec
5 minute output rate 0 bits/sec, 0 packets/sec
0 packets input, 0 bytes, 0 no buffer
Received 0 broadcasts, 0 runts, 0 giants, 0 throttles
0 input errors, 0 CRC, 0 frame, 0 overrun, 0 ignored, 0 abort
0 packets output, 0 bytes, 0 underruns
0 output errors, 0 collisions, 1 interface resets
0 output buffer failures, 0 output buffers swapped out
```

```
0 carrier transitions
DCD=up DSR=up DTR=up RTS=up CTS=up
R1#
```

小贴士

（1）注意查看接口状态，接口和协议的状态都必须是 up。

（2）CR-V35FC 所连接的接口为 DCE 端，CR-V35MT 所连接的接口为 DTE 端。

（3）若协议的状态是 down，则通常是因为封装不匹配，或者 DCE 时钟频率没有配置。

（4）若接口的状态是 down，则通常是因为线缆出现了故障。

（5）在实际工作中，DCE 端设备通常由服务提供商配置，本任务使用的是模拟环境。

❖ 任务验收

在任意一台路由器上，在特权模式下使用 ping 命令测试其与对方路由器之间的连通性，如在 R1 上测试其与 R2 之间的连通性，结果如下：

```
R1#ping 202.96.2.2
Type escape sequence to abort.
Sending 5, 100-byte ICMP Echos to 202.96.2.2, timeout is 2 seconds:
!!!!!                              //5个"!"号表示测试通过
Success rate is 100 percent (5/5), round-trip min/avg/max = 1/5/9 ms
R1#
```

❖ 知识链接

1. 广域网

广域网是指覆盖多个地区或国家的计算机网络，通常由若干个局域网通过电信专用线路连接而成。广域网具有以下特征。

（1）覆盖范围广。

（2）数据传输速率高。

（3）传输延迟大。

（4）设备昂贵。

广域网一般只包含 OSI 七层模型中的下 3 层：物理层、数据链路层和网络层。广域网一般采用存储转发方式来进行数据的交换。广域网常用协议如图 6.1.2 所示。

其中，物理层描述了广域网线路的电气、机械特性；数据链路层描述了数据帧的有序和无差错传输；网络层描述了数据包在局域网之间的路由与转发。

图 6.1.2　广域网常用协议

2．HDLC

HDLC 协议起源于 IBM 公司的同步数据链路控制（Synchronous Data Link Control，SDLC）协议，后来由 ISO 对其进行扩展修订而来。HDLC 协议是面向比特的在同步网络上进行有序数据传输的数据链路层协议。

HDLC 协议具有以下特征。

（1）面向比特，不必依赖任何编码方式。

（2）全双工通信。

（3）所有数据帧进行 CRC 校验。

（4）数据传输和控制分离。

HDLC 协议的数据帧格式如图 6.1.3 所示。

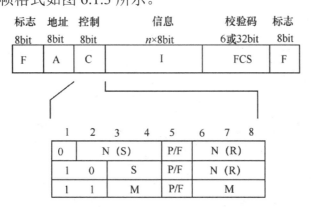

图 6.1.3　HDLC 协议的数据帧格式

HDLC 协议的数据帧有 3 种类型：信息帧、监控帧和无编号帧。其中，信息帧用于传输有效的数据信息，监控帧用于在数据传输过程中进行差错检测和流量控制，无编号帧用于对数据链路进行建立、维护和拆除。

由于 HDLC 协议具有较大的自由性、较高的传输效率、较强的传输控制功能，因此，目前网络上大部分设备使用 HDLC 协议作为广域网接口的封装协议。思科公司的路由器广域网接口默认使用 HDLC 协议。

❖ 任务小结

本活动介绍了广域网的概念和 HDLC 协议的配置，其中，HDLC 协议是大部分路由器广域网接口的默认协议，可以不用专门配置。需要注意的是，当广域网链路两端的接口使用不同的封装协议时，是无法进行通信的。

活动 2 路由器的广域网 PPP 协议封装

PPP 协议提供两个对等体之间的数据帧传输，这种传输是有序的、以全双工方式进行的。

与 HDLC 协议相比，PPP 协议是面向字节的，而 HDLC 协议是面向比特的。PPP 协议本身也可以工作在面向比特的模式下。

❖ 任务描述

海成公司的两台路由器在实现广域网线路时采用的是默认的 HDLC 协议封装。现在海成公司准备采用目前较为流行的 PPP 协议来封装广域网线路，希望为公司提供更好的、更安全的网络。

❖ 任务分析

两台路由器的广域网接口默认使用了 HDLC 协议来封装，现在需要在路由器的广域网接口配置模式下封装 PPP 协议。

下面以两台型号为 2911 的路由器来模拟公有网络，使读者可以学习和掌握路由器的广域网 PPP 协议封装的配置方法。配置路由器的广域网 PPP 协议封装的拓扑图如图 6.1.4 所示。

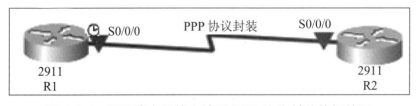

图 6.1.4 配置路由器的广域网 PPP 协议封装的拓扑图

具体要求如下：

（1）添加两台型号为 2911 的路由器，并将标签名分别更改为 R1 和 R2，路由器的名称分别设置为 R1 和 R2。

（2）为 R1 和 R2 添加 HWIC-2T 模块，并均添加在 S0/0/0 接口位置。

（3）使用 V35 串口线连接两台路由器的 S0/0/0 接口，并将 R1 设置为 DCE 端。

（4）设置网络设备参数，如表 6.1.2 所示。

表 6.1.2　网络设备参数

设　　备	接　　口	IP 地址	子　网　掩　码	默　认　网　关
R1	S0/0/0（DCE 端）	202.96.2.1	255.255.255.252	无
R2	S0/0/0	202.96.2.2	255.255.255.252	无

（5）在两台路由器之间做 PPP 协议封装，并测试两台路由器之间的连通性。

❖ **任务实施**

步骤 1：R1 的基本配置。

```
Router>enable                          //进入特权模式
Router#config terminal                 //进入全局配置模式
Router(config)#hostname R1             //修改主机名称
R1(config)#interface s0/0/0            //进入 S0/0/0 接口配置模式
R1(config-if)#clock rate 2000000       //设置 DCE 端的同步时钟频率
//配置 S0/0/0 接口的 IP 地址
R1(config-if)#ip address 202.96.2.1 255.255.255.252
R1(config-if)#encapsulation ppp        //设置封装协议为 PPP 协议
R1(config-if)#no shutdown              //启用接口
R1(config-if)#
```

步骤 2：查看 R1 的接口配置情况。

```
R1#show int s0/0/0
Serial0/0/0 is up, line protocol is down (disabled)
Hardware is HD64570
Internet address is 202.96.2.1/30
MTU 1500 bytes, BW 1544 Kbit, DLY 20000 usec,
reliability 255/255, txload 1/255, rxload 1/255
Encapsulation PPP, loopback not set, keepalive set (10 sec)
LCP Closed
Closed: LEXCP, BRIDGECP, IPCP, CCP, CDPCP, LLC2, BACP
Last input never, output never, output hang never
```

```
Last clearing of "show interface" counters never
Input queue: 0/75/0 (size/max/drops); Total output drops: 0
Queueing strategy: weighted fair
Output queue: 0/1000/64/0 (size/max total/threshold/drops)
Conversations 0/0/256 (active/max active/max total)
Reserved Conversations 0/0 (allocated/max allocated)
Available Bandwidth 1158 kilobits/sec
5 minute input rate 0 bits/sec, 0 packets/sec
5 minute output rate 0 bits/sec, 0 packets/sec
0 packets input, 0 bytes, 0 no buffer
Received 0 broadcasts, 0 runts, 0 giants, 0 throttles
0 input errors, 0 CRC, 0 frame, 0 overrun, 0 ignored, 0 abort
0 packets output, 0 bytes, 0 underruns
0 output errors, 0 collisions, 1 interface resets
0 output buffer failures, 0 output buffers swapped out
0 carrier transitions
DCD=up DSR=up DTR=up RTS=up CTS=up
R1#
```

步骤3：R2 的基本配置。

```
Router>enable                          //进入特权模式
Router#config terminal                 //进入全局配置模式
Router(config)#hostname R2             //修改主机名称
R2(config)#interface s0/0/0            //进入 S0/0/0 接口配置模式
//配置 S0/0/0 接口的 IP 地址
R2(config-if)#ip address 202.96.2.2 255.255.255.252
R2(config-if)#encapsulation ppp        //设置封装协议为 PPP 协议
R2(config-if)#no shutdown              //启用接口
R2(config-if)#
```

步骤4：再次查看 R1 的接口配置情况。

```
R1#show int s0/0/0
Serial0/0/0 is up, line protocol is up (connected)
Hardware is HD64570
Internet address is 202.96.200.1/30
MTU 1500 bytes, BW 1544 Kbit, DLY 20000 usec,
reliability 255/255, txload 1/255, rxload 1/255
Encapsulation PPP, loopback not set, keepalive set (10 sec)
LCP Open
Open: IPCP, CDPCP
```

```
Last input never, output never, output hang never
Last clearing of "show interface" counters never
Input queue: 0/75/0 (size/max/drops); Total output drops: 0
Queueing strategy: weighted fair
Output queue: 0/1000/64/0 (size/max total/threshold/drops)
Conversations 0/0/256 (active/max active/max total)
Reserved Conversations 0/0 (allocated/max allocated)
Available Bandwidth 1158 kilobits/sec
5 minute input rate 0 bits/sec, 0 packets/sec
5 minute output rate 0 bits/sec, 0 packets/sec
0 packets input, 0 bytes, 0 no buffer
Received 0 broadcasts, 0 runts, 0 giants, 0 throttles
0 input errors, 0 CRC, 0 frame, 0 overrun, 0 ignored, 0 abort
0 packets output, 0 bytes, 0 underruns
0 output errors, 0 collisions, 1 interface resets
0 output buffer failures, 0 output buffers swapped out
0 carrier transitions
DCD=up DSR=up DTR=up RTS=up CTS=up
R1#
```

小贴士

广域网链路两端必须使用相同的封装协议，才能够启用数据链路层的连接。在 Cisco Packet Tracer 7.3 模拟器中，一个接口的状态如果发生变化，如启用或断开，则模拟器会发送一条提示信息。

❖ 任务验收

在任意一台路由器上，在特权模式下使用 ping 命令测试其与对方路由器之间的连通性，如在 R1 上测试其与 R2 之间的连通性，结果如下：

```
R1#ping 202.96.2.2
Type escape sequence to abort.
Sending 5, 100-byte ICMP Echos to 202.96.2.2, timeout is 2 seconds:
!!!!!                                //5个"!"号表示测试通过
Success rate is 100 percent (5/5), round-trip min/avg/max = 1/5/9 ms
R1#
```

小贴士

对于初学者来说，在实验过程中进行及时的、合理的测试工作非常重要。这有助于学习者尽早地发现问题、准确地定位问题区域，对于顺利完成整个实验意义重大。

测试工作的一般原则如下所述。

（1）每完成一项设置内容，都要进行测试或查看。

（2）在设置完同一条链路两端的地址后，应及时进行连通性测试。

（3）测试较远两个节点之间的通信，应本着由近至远的原则，一个节点接一个节点地进行。

❖ 知识链接

PPP 协议由 IETF 于 1992 年制定，并分别于 1993 年和 1994 年进行修订，最终成为 Internet 的正式标准。

PPP 协议的前身是串行线路网际协议（Serial Line Internet Protocol，SLIP）。SLIP 协议在 20 世纪 80 年代曾经广泛应用于 Internet 中，以其简单且易用而被称赞。由于 SLIP 协议只支持一种上层网络协议——IP 协议，并且 SLIP 协议没有对数据帧进行差错检验，因此它有巨大的缺陷。PPP 协议是 TCP/IP 协议栈的标准协议，为同步数据链路的数据传输和控制提供了标准的方法。

PPP 协议与数据链路层的两个子层——LCP 和 NCP 都有关系。PPP 协议首先由 LCP 子层发起，主要是建立链路、配置链路参数和测试链路状况等。经过 LCP 子层的初始化工作，由 NCP 子层来传输上层协议之间的数据通信。

PPP 协议能够控制数据链路的创建、拆除和维护；支持在数据链路上进行 IP 地址的分配和设置；支持多种类型的网络层协议；可以对数据帧进行差错检验和传输流量控制；链路两端可以就数据压缩的格式进行协商；最为重要的是，在网络安全问题日益严峻的今日，PPP 协议对广域网提供了安全保障。

PPP 链路经历的各个阶段如图 6.1.5 所示。

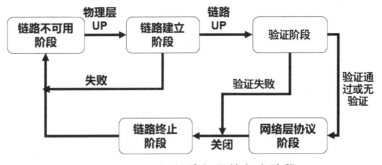

图 6.1.5　PPP 链路经历的各个阶段

链路不可用阶段（Dead）：PPP 链路需要从此阶段开始，或者以此阶段为终止，当广域网链路激活时，就由此阶段迁移到下一个阶段，即链路建立阶段。

链路建立阶段（Establish）：PPP 协议在此阶段完成整个协议中最复杂、最关键的工作。PPP 协议发送配置报文来配置链路参数。如果广域网链路需要进行身份验证，则迁移到验证阶段（Authenticate）；如果链路两端不需要身份验证，则迁移到网络层协议阶段（Network）。

验证阶段：此阶段将对广域网链路的对端进行身份验证。PPP 协议支持 PAP 协议和 CHAP 协议两种验证方式。至于使用哪一种方式，则由链路两端的设备协商决定。在默认情况下，不需要进行身份验证。进入这个阶段意味着需要验证对端身份，在验证通过后，即可迁移到网络层协议阶段；如果验证没有通过，则进入链路终止阶段（Terminate）。

网络层协议阶段：PPP 协议在此阶段对网络层协议进行相应的配置，并在 NCP 子层的状态为 open 时，封装并传输网络层协议数据信息。当网络层协议数据传输完毕后，进入链路终止阶段。

链路终止阶段：PPP 协议在此阶段终止链路。链路物理断开、配置参数不匹配、身份验证失败及管理员手动断开链路都会促使链路终止。

❖ 任务小结

本活动介绍了如何实现广域网链路中的 PPP 协议封装的配置。当路由器进行广域网协议封装时，必须具有相应的广域网功能模块，分辨出线缆的 DCE 和 DTE 端。路由器两端封装的协议必须一致，合则无法建立链路。

任务 2　路由器的广域网 PPP 协议封装验证

广域网协议中的 PPP 协议具有密码验证协议（Password Authentication Protocol，PAP）和挑战握手验证协议（Challenge Handshake Authentication Protocol，CHAP）两种验证协议。PAP 验证只在链路建立初期进行，只有两次信息的交换，因此被称为两次握手；CHAP 验证比 PAP 验证更安全。本任务分成为以下两个活动展开介绍。

活动 1　路由器的广域网 PPP 协议封装 PAP 验证
活动 2　路由器的广域网 PPP 协议封装 CHAP 验证

活动 1　路由器的广域网 PPP 协议封装 PAP 验证

PAP 验证的过程非常简单，验证过程使用明文发送数据包。验证方对验证重试的次数与间隔时间不做要求，皆由被验证方决定。这些都在一定程度上造成了安全隐患。

❖ 任务描述

基于网络安全方面的考虑，海成公司决定在总公司和分公司之间的广域网链路上启用 PAP 验证，以实现总公司路由器对分公司路由器的身份验证。

❖ 任务分析

WAN 专线链路建立时需要进行安全验证，以保证链路的安全性。在链路协商时，PAP 在设备之间传输用户名和密码，以实现用户身份的验证。公司计划在路由器上配置广域网 PPP 协议封装 PAP 验证，以实现链路的安全连接。

下面以两台型号为 2911 的路由器来模拟公有网络，使读者可以学习和掌握路由器的广域网 PPP 协议封装 PAP 验证的配置方法。配置路由器的广域网 PPP 协议封装 PAP 验证的拓扑图如图 6.2.1 所示。

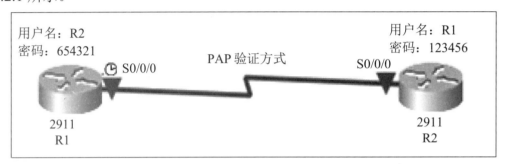

图 6.2.1　配置路由器的广域网 PPP 协议封装 PAP 验证的拓扑图

具体要求如下：

（1）添加两台型号为 2911 的路由器，并将标签名分别更改为 R1 和 R2，路由器的名称分别设置为 R1 和 R2。

（2）为 R1 和 R2 添加 HWIC-2T 模块，并均添加在 S0/0/0 接口位置。

（3）使用 V35 串口线连接两台路由器的 S0/0/0 接口，并将 R1 设置为 DCE 端。

（4）设置网络设备参数，如表 6.2.1 所示。

表 6.2.1　网络设备参数

设　　备	接　　口	IP 地址	子 网 掩 码	默 认 网 关
R1	S0/0/0（DCE 端）	202.96.2.1	255.255.255.252	无
R2	S0/0/0	202.96.2.2	255.255.255.252	无

（5）在两台路由器之间做 PPP 协议封装 PAP 验证。在 R1 上创建用户名为 R2，密码为 654321；在 R2 上创建用户名为 R1，密码为 123456。并测试两台路由器之间的连通性。

❖ 任务实施

步骤 1：R1 的基本配置。

```
Router>enable                          //进入特权模式
Router#config terminal                 //进入全局配置模式
Router(config)#hostname R1             //修改主机名称
```

```
R1(config)#interface s0/0/0            //进入 S0/0/0 接口配置模式
R1(config-if)#clock rate 2000000       //设置 DCE 端的同步时钟频率
//配置 S0/0/0 接口的 IP 地址
R1(config-if)#ip address 202.96.2.1 255.255.255.252
R1(config-if)#encapsulation ppp         //设置封装协议为 PPP 协议
R1(config-if)#no shutdown              //启用接口
R1(config-if)#
```

步骤 2：R2 的基本配置。

```
Router>enable                          //进入特权模式
Router#config terminal                 //进入全局配置模式
Router(config)#hostname R2             //修改主机名称
R2(config)#interface s0/0/0            //进入 S0/0/0 接口配置模式
//配置 S0/0/0 接口的 IP 地址
R2(config-if)#ip address 202.96.200.2 255.255.255.252
R2(config-if)#encapsulation ppp         //设置封装协议为 PPP 协议
R2(config-if)#no shutdown              //启用接口
R2(config-if)#
```

步骤 3：在验证方 R1 上创建本地用户数据库。

```
R1#conf t                              //进入验证方路由器的全局配置模式
R1(config)#username R2 password 654321  //创建本地用户数据库
R1(config)#
```

步骤 4：在验证方 R2 上创建本地用户数据库。

```
R2#conf t                              //进入验证方路由器的全局配置模式
R2(config)#username R1 password 123456  //创建本地用户数据库
R2(config)#
```

小贴士

在上述命令中，username 为用户名，password 为与用户名对应的密码。这两项信息应与被验证方的参数一致，否则无法通过验证过程。

步骤 5：在验证方 R1 上要求进行 PAP 验证。

```
R1(config)#int s0/0/0                           //进入 S0/0/0 接口配置模式
R1(config-if)#ppp authentication pap            //声明 PAP 验证方式
//配置 PAP 客户端的参数信息
R1(config-if)#ppp pap sent-username R1 password 123456
```

> **小贴士**
>
> 当在验证方路由器上声明 PAP 验证方式后，广域网链路 S0/0/0 数据链路层即会断开。这是因为没有在被验证方路由器上进行参数设置，R2 没有通过 R1 的身份验证，所以两者之间的数据链路就断开了。

步骤 6：在被验证方 R2 上进行 PAP 客户端参数的设置。

```
R2(config)#int s0/0/0                    //进入被验证方接口配置模式
R2(config-if)#ppp authentication pap     //声明 PAP 验证方式
//配置 PAP 客户端的参数信息
R2(config-if)#ppp pap sent-username R2 password 654321
```

> **小贴士**
>
> 在上述命令中，sent-username 后应当输入验证使用的用户名，password 后应当输入该用户名对应的密码。这两项信息应与验证方 R1 上的本地用户数据库中的相应信息相同，否则验证不能通过。
>
> 由于 R2 通过了 R1 的身份验证，因此两者之间的链路会重新启用，R2 的 S0/0/0 数据链路层也改为 up 模式。

❖ 任务验收

在 R1 上 ping R2 的 IP 地址，测试结果为两台路由器之间可以正常通信，表明已经通过 PAP 验证。

```
R1#ping 202.96.2.2
Type escape sequence to abort.
Sending 5, 100-byte ICMP Echos to 202.96.2.2, timeout is 2 seconds:
!!!!!                                    //5 个"!"号表示测试通过
Success rate is 100 percent (5/5), round-trip min/avg/max = 1/5/9 ms
R1#
```

❖ 相关知识

PAP 是 PPP 中专门用于进行用户身份验证的协议，大部分的路由器都支持这种验证方式。它通过在验证方和被验证方之间的两次握手过程，完成对对端的身份验证。在验证过程中，被验证方主动发出验证请求报文，该报文中包含了验证所需的用户名和该用户名对应的密码。当验证方收到请求报文后，将收到的用户名和密码与本地用户数据库中存储的用户名和密码进行对比。如果对比结果相同，则通过验证；否则验证失败。在链路两端的两次握手通信过程中，所使用的报文都是以明文的方式传输的，包括验证所需要的用户名和密码，因此，在PAP 验证过程中，关键信息很容易被窃取，这为网络安全带来了隐患。

PAP 验证过程如图 6.2.2 所示。

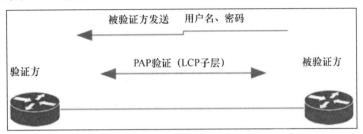

图 6.2.2 PAP 验证过程

PAP 工作在数据链路层的 LCP 子层，它通过两次握手的机制来实现对远程对端的身份验证。

PAP 将广域网链路的两端分为验证方和被验证方，验证方通过查看被验证方发送的密码，来确定是否授权创建与对端的连接，从而决定是否进入网络层协议阶段。

❖ 任务小结

本活动介绍了如何使用路由器的广域网 PPP 协议封装 PAP 验证进行身份验证。读者不仅应学习如何配置本地用户数据库、选择身份验证方式，以及配置 PAP 客户端信息等，还应学习如何查看路由器配置文件中 PAP 验证的配置信息。

活动 2 路由器的广域网 PPP 协议封装 CHAP 验证

PAP 验证方式需要将用户名与密码以明文的方式通过远程链路传输，这为网络应用带来了安全隐患。CHAP 验证方式在远程链路中只传送用户名而不传送密码，所以在安全性上要比 PAP 验证方式高。

❖ 任务描述

海成公司的网络管理员发现 PAP 验证方式的安全性不高，因此为了进一步提高网络安全性，决定在总公司和分公司之间的广域网链路上启用 CHAP 验证，以实现总公司路由器对分公司路由器的身份验证。

❖ 任务分析

CHAP 验证使用 3 次握手机制来启动一条链路和周期性的验证远程节点。与 PAP 验证相比，CHAP 验证更具有安全性。CHAP 验证只在网络上传送用户名而不传送密码，因此安全性更高。

下面以两台型号为 2911 的路由器来模拟公有网络，使读者可以学习和掌握路由器的广域网 PPP 协议封装 CHAP 验证的配置方法。配置路由器的广域网 PPP 协议封装 CHAP 验证的拓扑图如图 6.2.3 所示。

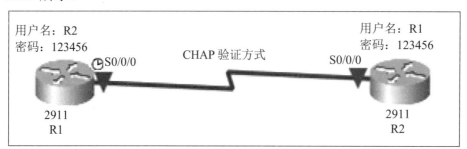

图 6.2.3　配置路由器的广域网 PPP 协议封装 CHAP 验证的拓扑图

具体要求如下：

（1）添加两台型号为 2911 的路由器，并将标签名分别更改为 R1 和 R2，路由器的名称分别设置为 R1 和 R2。

（2）为 R1 和 R2 添加 HWIC-2T 模块，并均添加在 S0/0/0 接口位置。

（3）使用 V35 串口线连接两台路由器的 S0/0/0 接口，并将 R1 设置为 DCE 端。

（4）设置网络设备参数，如表 6.2.2 所示。

表 6.2.2　网络设备参数

设　　备	接　　口	IP 地址	子 网 掩 码	默 认 网 关
R1	S0/0/0（DCE 端）	202.96.2.1	255.255.255.252	无
R2	S0/0/0	202.96.2.2	255.255.255.252	无

（5）在两台路由器之间做 PPP 封装 CHAP 验证，在 2 台路由器上均创建对方设备名称的用户名，密码均为 123456，并测试两台路由器之间的连通性。

❖ **任务实施**

步骤 1：R1 的基本配置。

```
Router>enable                        //进入特权模式
Router#config terminal               //进入全局配置模式
Router(config)#hostname R1           //修改主机名称
R1(config)#username R2 password 123456 //设置用户名及密码
R1(config)#interface s0/0/0          //进入 S0/0/0 接口配置模式
R1(config-if)#clock rate 2000000     //设置 DCE 端的同步时钟频率
```

```
//配置 S0/0/0 接口的 IP 地址
R1(config-if)#ip address 202.96.2.1 255.255.255.252
R1(config-if)#no shutdown              //启用接口
R1(config-if)#
```

步骤 2：R2 的基本配置。

```
Router>enable                          //进入特权模式
Router#config terminal                 //进入全局配置模式
Router(config)#hostname R2             //修改主机名称
R2(config)#username R1 password 123456  //设置用户名及密码
R2(config)#interface s0/0/0            //进入 S0/0/0 接口配置模式
//配置 S0/0/0 接口的 IP 地址
R2(config-if)#ip address 202.96.200.2 255.255.255.252
R2(config-if)#no shutdown              //启用接口
R2(config-if)#
```

步骤 3：在 R1 上封装 PPP 协议，并进行 CHAP 验证。

```
R1(config-if)#encapsulation ppp        //设置封装协议为 PPP 协议
                                       //进入 S0/0/0 接口配置模式
R1(config-if)#ppp authentication chap  //声明 CHAP 验证方式
R1(config-if)#
```

步骤 4：在 R2 上封装 PPP 协议，并进行 CHAP 验证。

```
R2(config-if)#encapsulation ppp        //设置封装协议为 PPP 协议
                                       //进入 S0/0/0 接口配置模式
R2(config-if)#ppp authentication chap  //声明 CHAP 验证方式
R2(config-if)#
```

小贴士

在进行 CHAP 验证时，在被验证方的用户数据库中，username 后面的参数应为验证方路由器的 hostname，password 后面为密码参数。验证双方的密码应当完全一样。

❖ **任务验收**

在 R1 上 ping R2 的 IP 地址，测试结果为两台路由器之间可以正常通信，表明已经通过 CHAP 验证。

```
R1#ping 202.96.2.2
Type escape sequence to abort.
Sending 5, 100-byte ICMP Echos to 202.96.2.2, timeout is 2 seconds:
!!!!!                                  //5 个 "!" 号表示测试通过
```

```
Success rate is 100 percent (5/5), round-trip min/avg/max = 1/5/9 ms
R1#
```

❖ 知识链接

CHAP 协议是在链路建立开始就完成的，在链路建立完成后的任何时间都可以进行再次验证。CHAP 验证过程如下所述。

（1）验证方主动发起验证请求，验证方向被验证方发送一些随机报文，并加上本端的主机名。

（2）当被验证方收到验证方的验证请求后，根据此报文中验证方的主机名，在本端的用户数据库中查找与该验证方主机名对应的用户口令字（密钥）。如果在本端的用户数据库中找到了与该验证方主机名相同的用户，就利用收到的随机报文、与此用户对应的密钥和报文 ID 使用 MD5 加密算法生成应答报文，随后将应答报文和本端的主机名发送给验证方。

（3）当验证方收到被验证方发送的应答报文后，利用被验证方的主机名在本端的用户数据库中查找本端保留的与被验证方主机名对应的密钥。然后利用本端保留的与被验证方主机名对应的密钥、之前产生的随机报文和报文 ID 使用 MD5 加密算法生成一段密文，并与被验证方发送的应答报文进行比较。如果两者相同则返回 ACK，否则返回 NAK。CHAP 验证过程如图 6.2.4 所示。

图 6.2.4 CHAP 验证过程

❖ 任务小结

本活动介绍了如何使用广域网 PPP 协议封装 CHAP 验证进行身份验证。CHAP 验证采用了 3 次握手机制，比 PAP 验证具有更高的安全性。在 CHAP 验证配置中，需要重点注意用户密码数据库的创建，这一点和 PAP 验证具有本质区别。

项 目 实 训

某公司规模很小，只有一家上海分公司，经理决定组建一个网络实现公司总部和分公司之间的通信。公司网络管理员经过分析，决定使用广域网 PPP 协议封装 CHAP 验证方式来连接公司总部和分公司的路由器，如图 6.2.5 所示。设置网络设备参数，如表 6.2.3 所示。

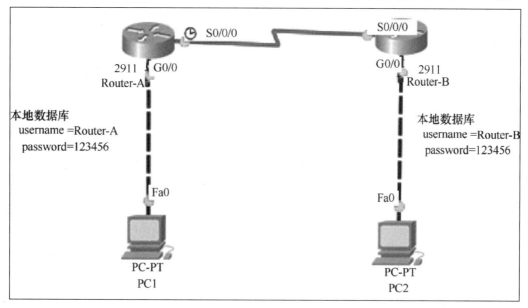

图 6.2.5　某公司的网络拓扑图

表 6.2.3　网络设备参数

设　　备	接　　口	IP 地址	子 网 掩 码	默 认 网 关
Router-A	S0/0/0（DCE 端）	202.96.200.1	255.255.255.252	无
	G0/0	192.168.10.1	255.255.255.0	无
Router-B	S0/0/0	202.96.200.2	255.255.255.252	无
	G0/0	192.168.20.1	255.255.255.0	无
PC 1		192.168.10.10	255.255.255.0	192.168.10.1
PC 2		192.168.20.10	255.255.255.0	192.168.20.1

完成标准：PPP 链路能够正常建立；两个公司的计算机之间可以互相通信。

项目 7

无线网络技术配置

项目描述

　　相对于目前普遍使用的有线网络而言，无线网络是一种全新的网络组建方式。无线网络在一定程度上摒弃了有线网络必须依赖的网线，这样人们就可以坐在家里的任何一个角落使用笔记本式计算机享受网络的乐趣了，而不用像从前那样必须迁就于网络接口的布线位置。

　　由于无线网络的市场热度迅速飙升，已经成为现今 IT 市场中新的增长亮点。无线局域网产品迅速发展并走向成熟，正在以其高速传输功能和灵活性发挥着日益重要的作用，并且无线网络已经开始在国内大多数行业中得到应用。无线网络自问世以来，以其无可比拟的优势迅速深入各行各业。无线网络带来了一种新的上网理念，人们不需要再顾虑网线的长短，无线自由联网的特性满足了人们长期以来期望自由上网的愿望。无线网络不仅安装方便，而且性价比高，成为当今网络发展的趋势所向。

　　本项目重点介绍无线网络的基本配置、无线网络的安全管理、有线和无线网络的全网互联。

知识目标

1. 理解无线网络的常用术语。
2. 熟悉无线 AP 的作用和基本配置方法。
3. 熟悉无线网络的基本安全管理技术。

能力目标

1. 能对终端设备熟练添加无线网卡及简单配置。
2. 能对无线 AP 熟练配置。
3. 能实现无线网络的基本安全管理配置。

4．能综合有线和无线路由交换知识实现网络互联互通。

素质目标

1．不仅培养读者的团队合作精神和写作能力，还培养读者的协同创新能力。

2．不仅培养读者的交流沟通能力和独立思考能力，还培养读者的逻辑思维能力。

3．培养读者的信息素养和学习能力，使其能够运用正确的方法和技巧掌握新知识、新技能。

4．培养读者系统分析与解决问题的能力，使其能够掌握相关知识点并完成项目任务。

思政目标

1．培养读者具备法律意识，认识上网的利和弊，熟悉无线网络相关的法律法规。

2．培养读者正确上网、文明上网的习惯和安全上网的意识。

3．培养读者了解网络文明公约，并积极向他人宣传如何文明上网和安全上网。

思维导图

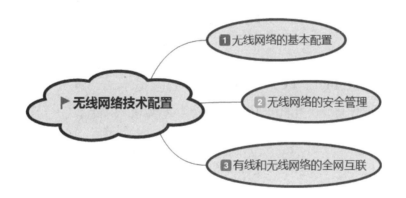

任务 1　无线网络的基本配置

无线接入点（Access Point，AP）也称无线网桥、无线网关。它不仅包含单纯性无线接入点（无线 AP），也是无线路由器（含无线网关、无线网桥）等类设备的统称。它主要用于宽带家庭、大楼内部、校园内部、园区内部及仓库、工厂等需要无线监控的地方，可以覆盖几十米至上百米，也可以用于远距离传送，目前最远距离可以达到 30km 左右，主要技术为 IEEE 802.11 系列。

❖ 任务描述

随着业务规模的扩大，海成公司在原有网络的基础上，购置了几台无线网络设备和终端，准备搭建自己的无线局域网，以满足移动办公的需要。

❖ **任务分析**

在规划与实施该公司的项目时，需要认真分析无线网络设备的技术、了解无线 AP 的功能和基本设置方法、熟悉架设无线网络的基本方法和流程。海成公司的网络拓扑图如图 7.1.1 所示。

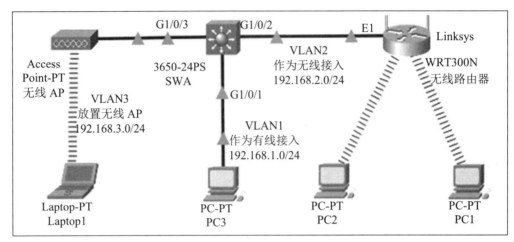

图 7.1.1　海成公司的网络拓扑图

具体要求如下：

（1）添加三台计算机 PC1、PC2 和 PC3，一台笔记本式计算机 Laptop1，一台无线 AP AccessPoint-PT，一台型号为 3650-24PS 的三层交换机 SWA，一台无线路由器 Linksys WRT300N。

（2）为三台计算机和一台笔记本式计算机添加无线网卡设备。

（3）为 SWA 添加 AC-POWER-SUPPLY 电源模块。

（4）根据如图 7.2.1 所示的拓扑图连接好所有网络设备，并设置计算机和笔记本式计算机使用 DHCP 方式动态获取 IP 地址。

（5）PC1 和 PC2 为员工宿舍区的计算机，通过无线路由器访问公司网络；Laptop1 为访客用户的计算机，通过无线 AP 访问公司网络；PC3 为公司内部办公网络中的计算机，通过 DHCP 方式动态获取 IP 地址。

（6）SWA 为公司中心交换机，划分为 3 个 VLAN。其中，VLAN2 和 VLAN3 分别用于连接无线路由器和无线 AP，为计算机无线访问提供接口；VLAN1 通过有线连接公司内部办公网络中的计算机。

❖ **任务实施**

步骤 1：由于本任务中采用的计算机为普通计算机，因此 PC1、PC2 及 PC3 均需要添加无线网卡设备。为计算机添加无线网卡的操作如图 7.1.2 所示。

图 7.1.2　为计算机添加无线网卡

　　首先，单击计算机的电源开关，将计算机关闭。其次，将计算机下部的以太网卡往右下角拖出，将以太网卡删除。然后，将无线网卡拖到刚才以太网卡所在位置。最后，单击计算机的电源开关，将计算机开启。

　　步骤 2：访客用户的计算机 Laptop1 为笔记本式计算机，为笔记本式计算机添加无线网卡设备。操作方法与步骤 1 中为计算机添加无线网卡的操作方法相同。

　　步骤 3：设置 SWA 作为核心交换机，并且将 VLAN1 设置为有线接入。

```
Switch>enable
Switch#conf t
Switch(config)#hostname SWA
SWA(config)#int vlan 1
SWA(config-if)#ip add 192.168.0.254 255.255.255.0
SWA(config-if)#no shut
SWA(config-if)#exit
//先给 VLAN1 配置一个 DHCP 地址池，使 PC3 能自动获取 IP 地址
SWA(config)#ip dhcp pool dhcp
SWA(dhcp-config)#network 192.168.0.0 255.255.255.0
SWA(dhcp-config)#default-router 192.168.0.254
```

```
SWA(dhcp-config)#dns-server 8.8.8.8
SWA(dhcp-config)#exit
SWA(config)#ip dhcp excluded-address 192.168.0.1
SWA(config)#ip dhcp excluded-address 192.168.0.254
```

步骤 4：将 VLAN2 设置为无线接入。

```
SWA(config)#vlan 2
SWA(config-vlan)#exit
SWA(config)#int g1/0/2
SWA(config-if)#switchport mode access
SWA(config-if)#switchport access vlan 2
SWA(config-if)#exit
SWA(config)#int vlan 2
SWA(config-if)#ip add 192.168.1.1 255.255.255.0
SWA(config-if)#no shut
SWA(config-if)#exit
//将以下 VLAN2 无线网络设置为自动获取 IP 地址
SWA(config)#ip dhcp pool vlan2
SWA(dhcp-config)#network 192.168.1.0 255.255.255.0
SWA(dhcp-config)#default-router 192.168.1.1
SWA(dhcp-config)#dns-server 192.168.1.1
SWA(dhcp-config)#exit
SWA(config)#ip dhcp excluded-address 192.168.1.1
SWA(config)#ip dhcp excluded-address 192.168.1.254
```

步骤 5：将 VLAN3 设置为无线 AP。

```
SWA(config)#vlan 3
SWA(config-vlan)#exit
SWA(config)#int g1/0/3
SWA(config-if)#switchport mode access
SWA(config-if)#switchport access vlan 3
SWA(config-if)#exit
SWA(config)#int vlan 3
SWA(config-if)#ip add 192.168.2.1 255.255.255.0
SWA(config-if)#no shut
SWA(config-if)#exit
SWA(config)#ip dhcp pool vlan3
SWA(dhcp-config)#network 192.168.2.0 255.255.255.0
SWA(dhcp-config)#default-route 192.168.2.1
SWA(dhcp-config)#dns-server 192.168.2.1
SWA(dhcp-config)#exit
```

```
SWA(config)#ip dhcp excluded-address 192.168.2.1
SWA(config)#exit
SWA#
```

步骤 6：配置无线路由器。

在这里需要注意，SWA 要接无线路由器的 E1 接口，在无线路由器 Web 管理界面中，选择"Setup"选项卡中的"网络设置"选项，将"路由器 IP"中的"IP 地址"修改为 192.168.1.254/24，然后将"DHCP Server Settings"选项中的"DHCP 服务器"设置成"未使能的"，最后单击最下方的"保存设置"按钮，否则设置无法生效，如图 7.1.3 所示。

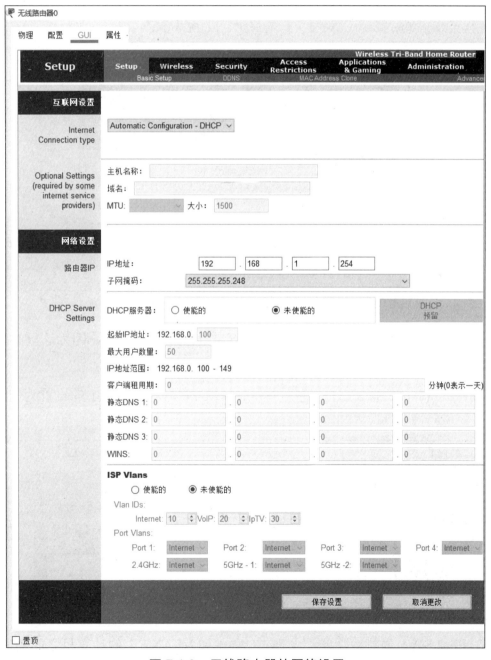

图 7.1.3　无线路由器的网络设置

小贴士

在这里，"互联网设置"选项的右侧不用做任何配置，而在"网络设置"选项的右侧，设置一个管理 IP 地址：192.168.1.254，以后通过这个 IP 地址来进行该无线路由器的管理。在"DHCP Server Settings"选项的右侧，将"DHCP 服务器"关闭。因为无线接入的计算机的 IP 地址都是通过交换机来获取的。

然后选择"Wireless"选项卡中的"Basic Wireless Settings"选项，将"网络名称（SSID）"修改为 Wireless Router，"标准信道"修改为 6-2.437GHz，最后单击最下方的"保存设置"按钮，否则设置无法生效，其他可以不用配置，结果如图 7.1.4 所示。

图 7.1.4　无线路由器的基本无线设置

步骤 7：设置计算机连到无线路由器，并使它能获得 IP 地址。

首先，将 PC1、PC2 和 PC3 的以太网卡取下来，添加无线网卡。因为这里的无线路由器上面没有进行任何安全设置，所以在这里它会自动进行连接。

然后，将 PC1 和 PC2 的 SSID 设置为 Wireless Router，这里以 PC1 的设置为例，如图 7.1.5 所示。

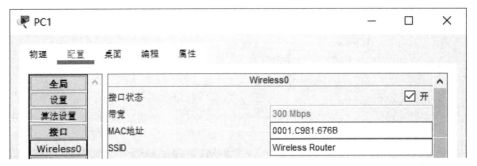

图 7.1.5　设置 PC1 的 SSID

步骤 8：开启 SWA 的路由功能，实现 VLAN1 和 VLAN2 中的计算机之间的通信。

```
SWA(config)#ip routing
```

PC1 通过 SWA 获得 IP 地址，如图 7.1.6 所示。

图 7.1.6　PC1 通过 SWA 获得 IP 地址

步骤 9：配置无线 AP。

在这里，将无线 AP 的 SSID 设置为 Wireless AP，其他的认证都没有设置，结果如图 7.1.7
所示。

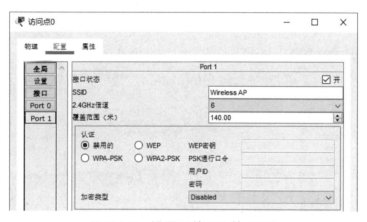

图 7.1.7　设置无线 AP 的 SSID

步骤 10：Laptop1 默认接入的是 Linksys WRT300N 无线路由器，如图 7.1.8 所示，而现在
需要将 Laptop1 接入无线 AP。

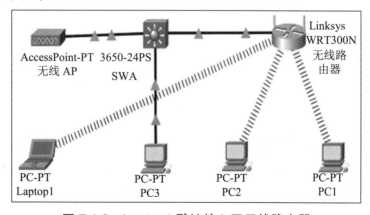

图 7.1.8　Laptop1 默认接入了无线路由器

选择 Laptop1 管理界面中的"桌面"选项卡，如图 7.1.9 所示。

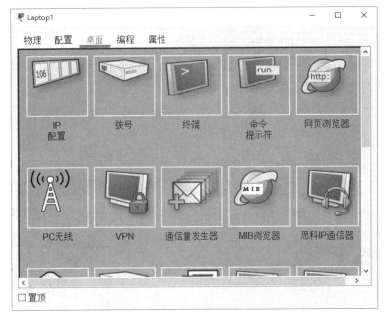

图 7.1.9　Laptop1 的"桌面"选项卡界面

单击"桌面"选项卡界面中的"PC 无线"图标，进入无线连接设置，在默认进入的"Link Information"选项卡界面中，单击"More Information"按钮，可以看到无线网络的详细状态，如图 7.1.10 所示。

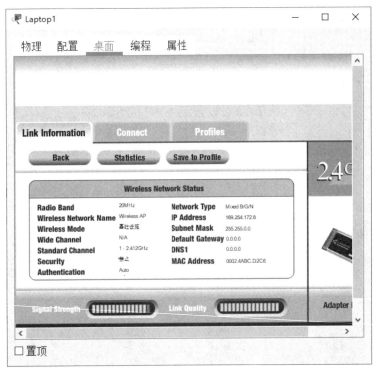

图 7.1.10　无线网络的"Link Information"选项卡界面

选择"Connect"选项卡，可以查看当前网络中可用的无线网络，如图 7.1.11 所示。

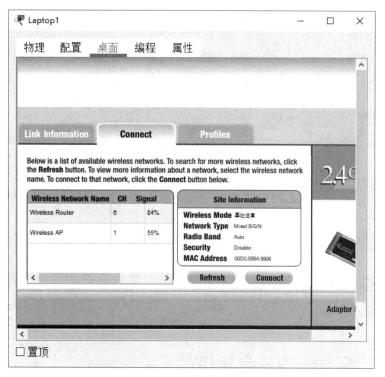

图 7.1.11　查看可用的无线网络

在这里可以看见有两个无线网络：一个名为 Wireless Router，就是无线路由器；另一个名为 Wireless AP，就是无线 AP。这里选择"Wireless AP"选项，然后单击"Connect"按钮进行连接。在连接成功后，更新一下 DHCP，看看 IP 地址是否有变化。

❖ **任务验收**

1．验证 PC1、PC2、PC3 和 Laptop1 是否均能自动获得 IP 地址。
2．验证计算机之间是否连通。

❖ **知识链接**

Wi-Fi（Wireless Fidelity）是当今使用十分广泛的一种无线网络传输技术，其实际上就是把有线网络信号转换为无线信号，供支持其技术的相关计算机、手机、PDA 等接收。手机如果有 Wi-Fi 功能，则在有无线信号时可以不通过数据网络上网，节省了流量费。而无线 AP 就是提供 Wi-Fi 服务的重要设备。

网络模式：802.11 无线 LAN 是一套 IEEE 标准，该标准利用 2.4GHz 和 5GHz 频带的电磁波进行信号传输，802.11 无线标准家族包括 802.11a/b/g/n 等多个标准。如果网络中有 Wireless-N、Wireless-G 和 Wireless-B 设备，则可以保持默认设置 Mixed。如果有 Wireless-G 和 Wireless-B 设备，则可以选择 BG-Mixed。如果只有 Wireless-N、Wireless-G 和 Wireless-B 中的一种设备，则可以选择对应的 Wireless-N Only、Wireless-G Only 和 Wireless-B Only。如

果想要禁用无线网络连接，则可以选择 Disable。

SSID 即服务集标识，也称网络名称。SSID 技术可以将一个无线局域网分为几个需要不同身份验证的子网络，每一个子网络都需要独立的身份验证，只有通过身份验证的用户才可以进入相应的子网络，防止未被授权的用户进入本网络。

频带：如果想要在使用 Wireless-N、Wireless-G 和 Wireless-B 设备的网络中获得最佳的性能，则可以保持默认设置自动。如果仅有 Wireless-N 设备，则可以选择 Wide-40MHz Channel。如果有 Wireless-G 和 Wireless-B 网络连接，则应选择 Standard-40MHz Channel。

❖ 任务小结

本任务介绍了无线 AP 的功能和基本设置方法，读者应熟悉架设无线网络的基本步骤和流程，为下一步无线网络的安全管理打下基础。

任务 2 | 无线网络的安全管理

一旦某些入侵者通过无线网络连接到我们的 WLAN，那么他们就和那些直接连接到 LAN 交换机上的用户一样，对整个网络都有一定的访问权限。在这种情况下，除非事先已经采取了一些措施，用来限制不明用户访问网络中的资源和共享文档，否则入侵者能够做授权用户所能做的任何事情。

❖ 任务描述

海成公司搭建无线局域网主要是为了满足移动办公的需要，但是网络管理员发现该无线网络存在一些安全问题，所有访客用户也可以将移动设备自由接入本公司的无线网络，占用应用资源，从而影响了正常办公。现在要求接入的设备需要具有合法的密码才能接入网络和实现 MAC 地址的过滤，以增加无线网络的安全性。

❖ 任务分析

海成公司的无线局域网确实存在安全隐患，现在网络管理员准备将公司员工宿舍区的无线路由器的接入密码配置为 haicheng888，将访客用户接入的无线网络的接入密码配置为 LB666666，并且配置公司员工宿舍区的无线路由器只允许无线终端 PC1 和 PC2 接入，以实现公司的无线网络的相对安全。海成公司的网络拓扑图如图 7.2.1 所示。

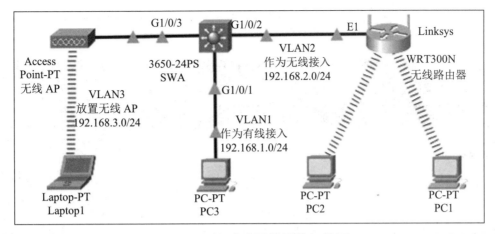

图 7.2.1 　海成公司的网络拓扑图

具体要求如下：

（1）添加三台计算机 PC1、PC2 和 PC3，一台笔记本式计算机 Laptop1，一台无线 AP AccessPoint-PT，一台型号为 3650-24PS 的三层交换机 SWA，一台无线路由器 Linksys WRT300N。

（2）为三台计算机和一台笔记本式计算机添加无线网卡设备。

（3）为 SWA 添加 AC-POWER-SUPPLY 电源模块。

（4）PC1 和 PC2 为员工宿舍区的计算机，通过无线路由器访问公司网络；Laptop1 为访客用户的计算机，通过无线 AP 访问公司网络；PC3 为公司内部办公网络中的计算机，通过 DHCP 方式动态获取 IP 地址。

（5）根据如图 7.2.1 所示的拓扑图连接好所有网络设备，并设置计算机和笔记本式计算机使用 DHCP 方式动态获取 IP 地址。

（6）SWA 为公司中心交换机，划分为 3 个 VLAN。其中，VLAN2 和 VLAN3 分别用于连接无线路由器和无线 AP，为计算机无线访问提供接口；VLAN1 通过有线连接公司内部办公网络中的计算机。

（7）无线设备需要具有合法的密码才能接入网络，实现 MAC 地址的过滤和 SSID 的隐藏，以增加无线网络的安全性。

❖ **任务实施**

步骤 1：配置无线网络的安全模式。登录 Wireless Router 无线网络，进入无线路由器 Web 管理界面，在 "GUI" 选项卡中选择 "Wireless" → "Wireless Security" 选项，在 "安全模式" 下拉列表中，将 Disabled 模式更换为其他安全模式，这里选择 "WPA2 Personal" 选项，如图 7.2.2 所示。

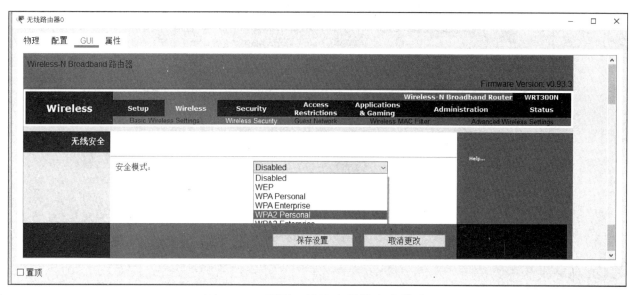

图 7.2.2　配置无线路由器的安全模式

小贴士

WEP：Wired Equivalent Privacy（有线等效保密）的缩写，它是一种基本的加密方法，仍可以支持较旧的设备，但是建议不要使用。在启用 WEP 时，需要设置网络安全密钥。该密钥可能会对一台计算机通过网络发送到另一台计算机的信息进行加密。但是，相对而言，WEP 安全机制比较容易破解。这里需要注意的是，因为 802.11n 不支持此加密方式，所以如果选择此加密方式，则路由器可能会工作在较低的传输速率上，Windows 7 也不支持使用 WEP 共享密钥身份验证自动设置网络。

WPA：WPA 的认证分为两种。第一种采用 802.1x+EAP 的方式，用户提供认证所需的凭证，如用户名和密码，通过特定的用户认证服务器（一般为 RADIUS 服务器）来实现。在大型企业网络中，通常采用这种方式，即 WPA Enterprise。另一种是相对简单的模式，它不需要专门的认证服务器，这种模式被称为 WPA 预共享密钥（WPA-PSK），仅要求在每个 WLAN 节点（如 AP、无线路由器、网卡等）上预先输入一个密钥。只要密钥吻合，客户即可获得 WLAN 的访问权，即 WPA Personal。

WPA2：顾名思义，WPA2 就是 WPA 的加强版，也就是 IEEE 802.11i 的最终方案。它分为家用的 WPA2 Personal 与企业的 WPA2 Enterprise。WPA2 与 WPA 的差别在于，它使用更安全的加密技术 AES，因此比 WPA 更难被破解、更安全。因此，如果可能，应使用 WPA2。

步骤 2：将接入密码配置为 haicheng888，然后单击"保存设置"按钮即可，如图 7.2.3 所示。

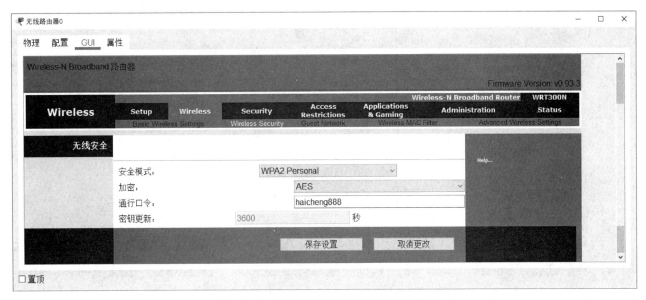

图 7.2.3 配置无线路由器的接入密码

步骤 3：在配置完 Wireless Router 无线网络的接入密码后，移动终端将自动离线。此时，只要将移动终端接入 Wireless Router 无线网络即可。在 Cisco Packet Tracer 7.3 模拟器中，单击 PC1，在打开的管理界面中选择"配置"选项卡，然后选择"Wireless0"选项，在"认证"选项组中选中"WPA2-PSK"单选按钮，并在其密码栏内输入 haicheng888，如图 7.2.4 所示，将移动终端接入 Wireless Router 无线网络。

图 7.2.4 配置移动终端的接入密码

步骤 4：将 PC1 重新接入 Wireless Router 无线网络，如图 7.2.5 所示。

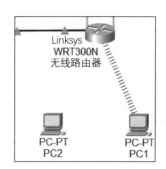

图 7.2.5　PC1 接入 Wireless Router 无线网络

步骤 5：完成无线 AP 的配置。

在 Cisco Packet Tracer 7.3 模拟器中，单击无线 AP，在打开的管理界面中选择"配置"选项卡，然后选择"Port1"选项，在"认证"选项组中选中"WPA2-PSK"单选按钮，并在其密码栏内输入 LB666666，如图 7.2.6 所示。

图 7.2.6　配置无线 AP

步骤 6：使用同样的方法，将 Laptop1 通过认证的方式重新接入 Wireless AP 无线网络中。

步骤 7：限定无线接入设备。

（1）记录允许接入的移动终端的 MAC 地址，本例中为 00E0.F778.2554 和 0001.C981.676B，登录 Wireless Router 无线网络，选择无线路由器 Web 管理界面中的"Wireless"选项卡，然后选择"Wireless MAC Filter"选项，如图 7.2.7 所示。

（2）选中"使能的"单选按钮，并设置"允许下面列出的个人电脑接入无线网络"，即允许下列计算机接入无线网络。将相应的 MAC 地址 00:E0:F7:78:25:54 和 00:01:C9: 81:67:6B 按照格式规范录入 MAC 地址过滤列表中，然后单击"保存设置"按钮即可。

图 7.2.7　"Wireless MAC Filter"配置界面

步骤 8：隐藏 SSID 的配置。

在无线路由器的 Web 管理界面中进入"Wireless"无线配置界面。在这里可以设置无线路由器的网络模式、网络名称等，如图 7.2.8 所示。其中，在"网络模式"下拉列表中选择"Mixed"选项，表示混合型，不管是 A/B/G 哪种类型用户都可以使用；在"网络名称（SSID）"文本框中显示无线网络的名称，修改为 Wireless Router。在配置好后单击最下方的"保存设置"按钮即可。

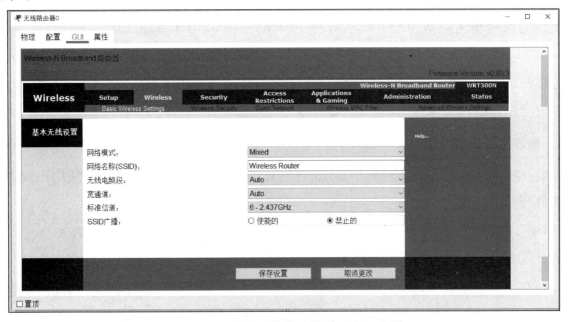

图 7.2.8　配置无线路由器的 SSID 广播

❖ **任务验收**

（1）验证各无线终端是否都需要密码接入网络，并且均能自动获得 IP 地址。

（2）验证无线网络中的 SSID 是否已经隐藏。

（3）测试。新加入一台移动设备，在设置好加密方式和密码后，是否成功限制了无线网络的接入。

❖ **知识链接**

网络安全一直是一个永恒不变的话题。随着无线网络的流行，无线网络的安全问题更加突出。因为无线网络与有线网络相比，不需要物理线路上的连接，完全借助无线电磁波进行连接，所以更容易受到入侵。因为无线网络的信号是在开放空间中传送的，所以只要有合适的无线客户端设备，在合适的信号覆盖范围之内就可以接收无线网卡的信号。无线网络存在的核心安全问题归结起来有如下 3 点。

1．非法用户接入问题

Windows 操作系统基本上都具有自动查找无线网络的功能，只要对无线网络有基本认识，对于不设防或安全级别很低的无线网络，未授权的用户通过一般攻击或借助攻击工具都能够接入发现的无线网络。一旦接入，非法用户将占用合法用户的网络带宽，甚至能更改路由器的设置，导致合法用户无法正常登录，而有目的的非法用户还可能入侵合法用户的计算机窃取相关信息。

2．非法接入点连接问题

无线局域网易于访问和配置简单的特性，使得任何人的计算机都可以通过自己购买的AP，不经过授权而连入网络，有些企业员工为了方便使用，通常自行购买 AP，未经允许就接入无线网络，这便是非法接入点，而在非法接入点信号覆盖范围内的任何人都可以连接和进入企业网络，这将带来很大的安全风险。

3．数据安全问题

无线网络的信号是在开放空间中传送的，通过获取无线网络的信号，非法用户或攻击者有可能执行如下操作。

（1）通过破解普通无线网络的安全设置，包括 SSID 隐藏、WEP 加密、WPA 加密、MAC过滤等，以合法设备的身份进入无线网络，导致"设备身份"被冒用。

（2）对传输信息进行窃听、截取和破坏。窃听以被动和无法觉察的方式入侵检测设备，即使网络不对外广播网络信息，只要能够发现任何明文信息，攻击者仍然可以使用一些网络工具来监听和分析通信量，从而识别出可以破坏的信息。

因此，需要加强对无线网络的管理，以确保网络安全。

❖ 任务小结

本任务在熟悉无线网络的基本安全管理技术的基础上，对无线网络的安全模式、接入密码配置、无线接入设备的 MAC 地址过滤和限制无线接入设备的数量等进行了介绍。作为网络管理员，需要增加对知识链接的了解，以不断增强网络的安全性。

任务 3 | 有线和无线网络的全网互联

搭建有线和无线网络，实现网络互联互通，是网络管理员的基本任务。目前无线局域网还不能完全脱离有线网络，无线网络与有线网络是互补的，而不是竞争的；无线网络是有线网络的补充，而不是替换。无线局域网正在以它的高速传输功能和灵活性发挥着日益重要的作用。

❖ 任务描述

随着业务规模的扩大，海成公司开设了分公司，需要搭建分公司的网络，该网络既有有线网络部分，也有无线网络部分。现在需要实现内部网络的互联互通，并且通过路由器共享获取 Internet 的访问资源。

❖ 任务分析

海成公司分公司的网络结合了有线和无线网络，需要对整个网络进行设置。将 Wireless Router 无线网络的 SSID 设置为 WLHL，加密方式设置为 WAP2 Personal，接入密码设置为 wlhl6666；配置 Wireless Router 和 PC1 在 VLAN2，PC2 在 VLAN3；配置 Gate 的 G0/0 接口为内部网络接口，S0/0/0 接口为外部网络接口，以实现网络安全访问。全网互联的网络拓扑图如图 7.3.1 所示。

具体要求如下：

（1）添加两台服务器，并将标签名分别更改为 DNS 和 WWW，作为公有网络中的 DNS 服务器和 Web 服务器。

（2）添加两台型号为 2911 的路由器，并将标签名分别更改为 Gate 和 ISP。

（3）为两台路由器 Gate 和 ISP 各添加一个 HWIC-2T 串口模块，均添加在 S0/0/0 接口位置，通过 DCE 串口线互连模拟公有网络环境。

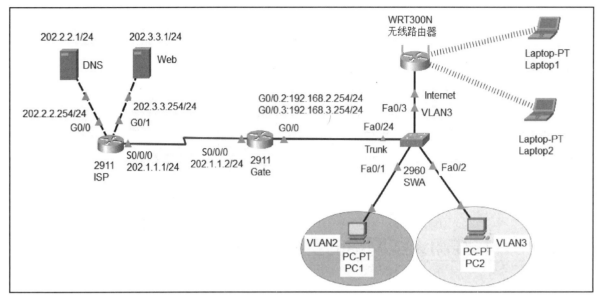

图 7.3.1　全网互联的网络拓扑图

（4）添加一台无线路由器，用于提供公司计算机的无线接入。

（5）添加两台计算机，将标签名分别更改为 PC1 和 PC2，并为 PC1 和 PC2 添加无线网卡设备。

（6）添加两台笔记本式计算机，将标签名分别更改为 Laptop1 和 Laptop2，并为 Laptop1 和 Laptop2 添加无线网卡设备。

（7）根据如图 7.3.1 所示的拓扑图，为网络设备配置相应的 IP 地址，终端设备全部自动获取 IP 地址。

（8）在内部路由器 Gate 上配置 DHCP 服务器，使得 PC1 和 PC2 可以动态获取 IP 地址等信息。使用 NAPT 技术实现内部网络计算机可以访问互联网。

（9）在内部路由器 Gate 上配置单臂路由实现 VLAN 之间可以互相访问。

（10）在内部路由器 Gate 上配置默认路由和 NAPT 实现内部网络计算机可以访问互联网。

（11）在 DNS 服务器上做 DNS 配置，使公司内部能使用该 DNS 服务器地址访问 Web 服务器上的网页。

❖ **任务实施**

步骤 1：配置交换机的主机名称为 SWA，创建 VLAN2 和 VLAN3，将 Fa0/1 接口加入 VLAN2 中，Fa0/2 接口和 Fa0/3 接口加入 VLAN3 中，并将 F0/24 接口配置为 Trunk 模式。

```
Switch>enable
Switch#config terminal
Switch(config)#hostname SWA
SWA(config)#vlan 2
```

```
SWA(config-vlan)#vlan 3
SWA(config-vlan)#int fa0/1
SWA(config-if)#switchport mode access
SWA(config-if)#switchport access vlan 2
SWA(config-if)#int range fa0/2-3
SWA(config-if-range)#switchport mode access
SWA(config-if-range)#switchport access vlan 3
SWA(config-if-rnage)#int fa0/24
SWA(config-if)#switchport mode trunk
SWA(config)#end
SWA#
```

步骤 2：配置 Gate 的主机名称、G0/1 接口单臂路由，实现 VLAN2 和 VLAN3 之间的通信，并配置 DHCP 服务为 VLAN2 和 VLAN3 分配 IP 地址。

```
Router>enable
Router#config terminal
Router(config)#hostname Gate
Gate(config)#int g0/0
Gate(config-if)#no ip address
Gate(config-if)#no shut
Gate(config-if)#int g0/0.2
Gate(config-subif)#encapsulation dot1Q 2
Gate(config-subif)#ip add 192.168.2.254 255.255.255.0
Gate(config-subif)#no shut
Gate(config-subif)#int g0/0.3
Gate(config-subif)#encapsulation dot1Q 3
Gate(config-subif)#ip add 172.16.3.254 255.255.255.0
Gate(config-subif)#no shut
Gate(config-subif)#exit
Gate(config)#ip dhcp pool vlan2
Gate(dhcp-config)#network 192.168.2.0 255.255.255.0
Gate(dhcp-config)#default-router 192.168.2.254
Gate(dhcp-config)#dns-server 202.2.2.1
Gate(dhcp-config)#exit
Gate(config)#ip dhcp pool vlan3
Gate(dhcp-config)#network 192.168.3.0 255.255.255.0
Gate(dhcp-config)#default-router 192.168.3.254
Gate(dhcp-config)#dns-server 202.2.2.1
Gate(dhcp-config)#
```

步骤 3：配置 Gate 的 S0/0/0 接口的 IP 地址，并配置 IP 访问控制列表、NAPT 和默认路由。

```
Gate(config)#access-list 1 permit 172.16.0.0 0.0.255.255
Gate(config)#ip nat inside source list 1 interface s0/0/0 overload
Gate(config)#interface s0/0/0
Gate(config-if)#ip address 202.1.1.2 255.255.255.0
Gate(config-if)#no shutdown
Gate(config-if)#ip nat outside
Gate(config)#int g0/0.2
Gate(config-if)#ip nat inside
Gate(config)#int g0/0.3
Gate(config-if)#ip nat inside
Gate(config-if)#exit
Gate(config)#ip route 0.0.0.0 0.0.0.0 202.1.1.1
Gate(config)#
```

步骤 4：配置 ISP 的接口 IP 地址。

```
Router>enable
Router#config terminal
Router(config)# hostname ISP
ISP(config)#int g0/0
ISP(config-if)#no shutdown
ISP(config-if)#ip address 202.2.2.254 255.255.255.0
ISP(config-if)#exit
ISP(config)#int g0/1
ISP(config-if)#no shutdown
ISP(config-if)#ip address 202.3.3.254 255.255.255.0
ISP(config-if)#int s/0/0
ISP(config-if)#clock rate 64000
ISP(config-if)#ip address 202.1.1.1 255.255.255.0
ISP(config-if)#
```

步骤 5：配置 Web 服务器。

Web 服务器默认是开启的，所以不必再去开启一次。根据拓扑图为公有网络 Web 服务器设置 202.3.3.1/24 的 IP 地址，具体设置如图 7.3.2 所示。

步骤 6：配置 DNS 服务器。

根据拓扑图为公有网络 DNS 服务器设置 202.2.2.1/24 的 IP 地址，具体设置如图 7.3.3 所示。

在 DNS 服务器上做一个域名解析，将域名 www.cisco.com 指向公有网络 Web 服务器的 IP 地址，以便公司内部其他四台计算机通过这个域名去访问 Web 服务器。设置如图 7.3.4 所示。

图 7.3.2　Web 服务器的"IP 配置"对话框

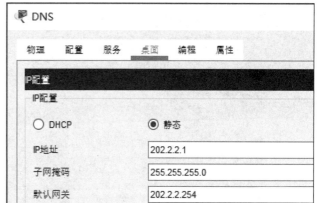

图 7.3.3　DNS 服务器的"IP 配置"对话框

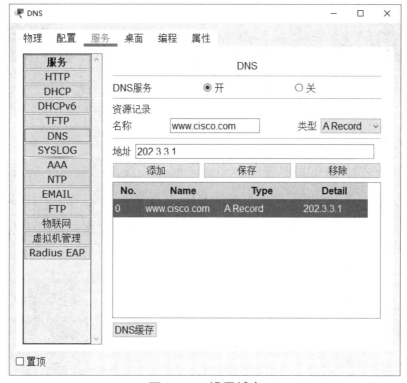

图 7.3.4　设置域名

步骤 7：无线路由器的基本配置。

这个无线路由器的模拟程序也与真机上的基本相同，为无线路由器配置一个静态的 IP 地址，使之与内部网络连接。设置无线路由器的 IP 地址有 3 种不同的方式，如图 7.3.5 所示。第一种是自动配置，通过 DHCP 方式获取；第二种是手动配置静态 IP 地址；第三种是 PPPoE 拨号（可以直接用它通过 ADSL 拨号上网使用）。

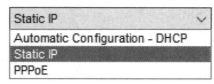

图 7.3.5　设置无线路由器 IP 地址的 3 种方式

这里为其手动指定静态 IP 地址，具体的设置如图 7.3.6 所示。

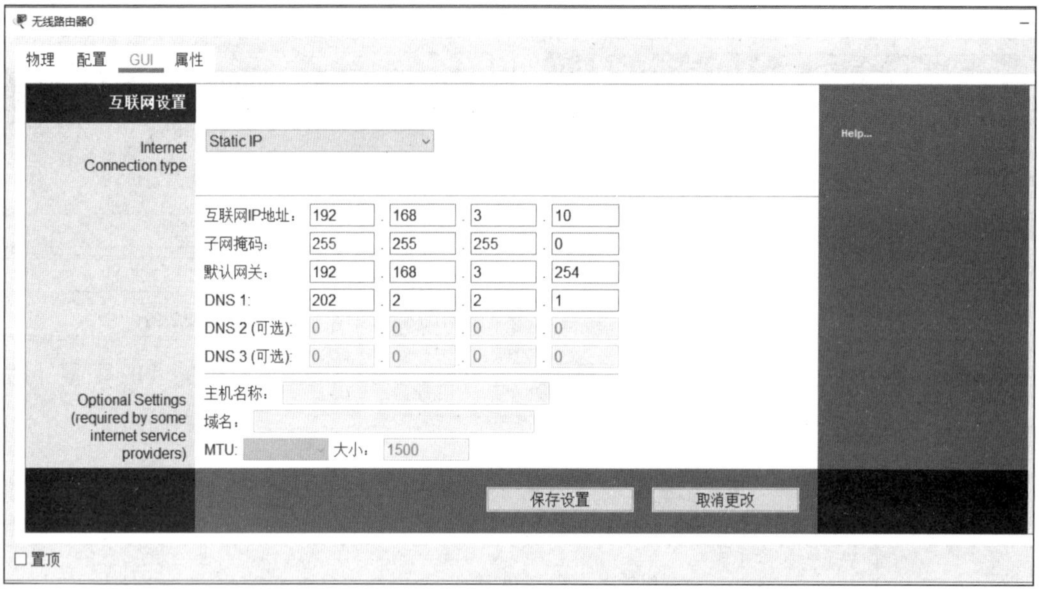

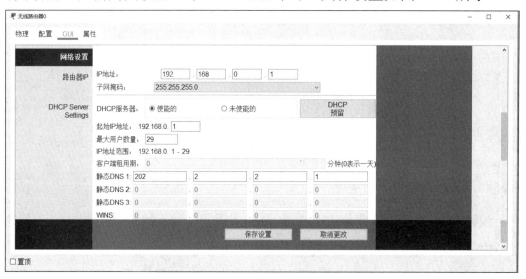

图 7.3.6　为无线路由器手动指定静态 IP 地址

步骤 8：配置无线路由器的 DHCP。

在无线路由器上进行 DHCP 配置，为通过无线或有线网络接入的计算机自动分配 IP 地址，在本实验中就是为公司内部计算机提供 DHCP 服务。在这里，DHCP 的地址池和租期都是不可更改的，只需为其设置一个 DNS 地址即可。具体设置如图 7.3.7 所示。

图 7.3.7　配置无线路由器的 DHCP

步骤 9：配置无线路由器的 SSID。

在无线路由器 Web 管理界面中，选择"Wireless"选项卡中的"Basic Wireless Settings"选项，将"网络名称（SSID）"设置为 WLHL，如图 7.3.8 所示。

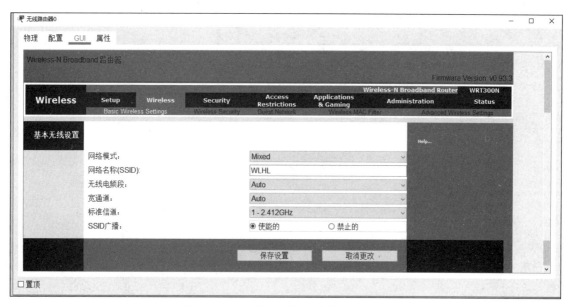

图 7.3.8 配置无线路由器的 SSID

步骤 10：配置无线路由器的接入密码。

选择如图 7.3.8 所示的"Wireless Security"选项，然后在"安全模式"下拉列表中选择"WPA2 Personal"选项，将接入密码设置为 wlhl6666，如图 7.3.9 所示，单击"保存设置"按钮后退出即可。

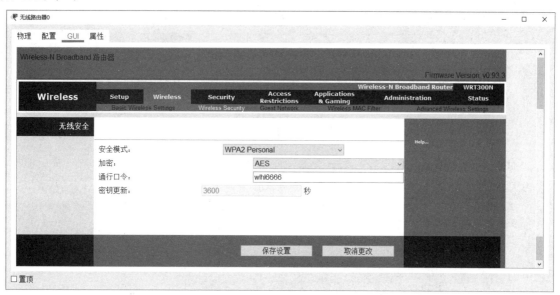

图 7.3.9 配置无线路由器的接入密码

步骤 11：设置 Laptop1 的 Wireless 信息。

单击 Laptop1，在打开的管理界面中选择"配置"→"Wireless0"选项，设置 Laptop1 的 SSID 为 WLHL，认证方式为 WPA2-PSK，接入密码为 wlhl6666，如图 7.3.10 所示。

使用同样的方法，设置 Laptop2 的 Wireless 信息。

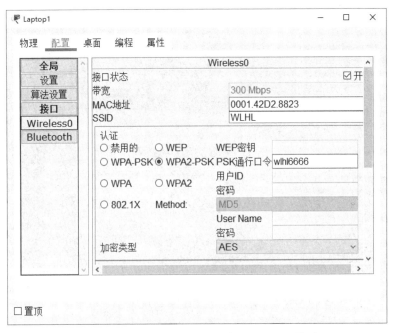

图 7.3.10　设置 Laptop1 的 Wireless 信息

❖ 任务验收

测试计算机和笔记本式计算机是否能访问 Web 服务器

（1）测试 PC1 是否能访问 Web 服务器，如图 7.3.11 所示。

图 7.3.11　测试 PC1 是否能访问 Web 服务器

（2）测试 Laptop1 是否能访问 Web 服务器，如图 7.3.12 所示。

（3）测试 PC2 是否能访问 Web 服务器。

（4）测试 Laptop2 是否能访问 Web 服务器。

图 7.3.12　测试 Laptop1 是否能访问 Web 服务器

❖ 任务小结

本任务介绍了有线网络和无线网络的综合应用，读者需要了解有线网络和无线网络的知识链接和技术，能够设置有线网络和无线网络的桥接，并配置无线 AP 的安全管理和控制，以实现网络安全访问。

项 目 实 训

海成公司搭建的无线网络的 SSID 为 haicheng，采用 WPA2 Personal 加密方式，密钥为 1314iloveyou。海成公司的网络拓扑图如图 7.3.13 所示。

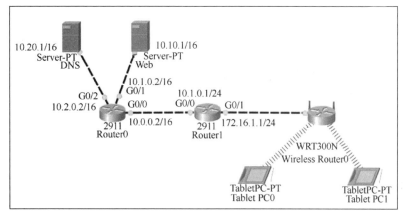

图 7.3.13　海成公司的网络拓扑图

完成标准：无线网络实现 DHCP 服务；全网互联，Tablet PC0 和 Tablet PC1 可以自由访问 DNS 服务器和 Web 服务器。

项目 8

综合实训

项目描述

本项目重点针对网络设备的综合应用进行讲述，为学习网络课程的初学者设计、配置和排除网络故障提供了良好的案例，使初学者可以更熟悉网络设备的配置和在实际工作中的综合应用。

在本项目中，根据实际工作的要求，专门设计了以下 4 个任务来介绍网络设备的综合应用。

任务 1　网络设备的维护

任务 2　三层网络架构的局域网

任务 3　校园网综合实训

任务 4　企业网综合实训

知识目标

1. 了解三层网络架构的作用和特点。

2. 熟悉负载均衡的作用和应用。

3. 熟悉校园网的综合应用

4. 熟悉企业网综合知识的应用。

5. 理解无线网络的应用。

能力目标

1. 能实现网络设备的维护与管理。

2. 能实现三层网络架构的局域网通信。

3. 能实现路由器或交换机的 DHCP 服务配置。

4. 能实现不同的路由协议应用在企业网络中。

5. 能学会防火墙的简单配置。

6. 能学会无线路由器和无线 AP 的配置。

7. 能综合运用网络设备的相关技术实现企业的需求。

素质目标

1. 不仅培养读者的团队合作精神和写作能力，还培养读者的协同创新能力。

2. 不仅培养读者的交流沟通能力和独立思考能力，还培养读者的逻辑思维能力。

3. 培养读者的信息素养和学习能力，使其能够运用正确的方法和技巧掌握新知识、新技能。

4. 培养读者系统分析与解决问题的能力，使其能够掌握相关知识点并完成项目任务。

思政目标

培养读者诚信、务实、严谨的职业素养。

思维导图

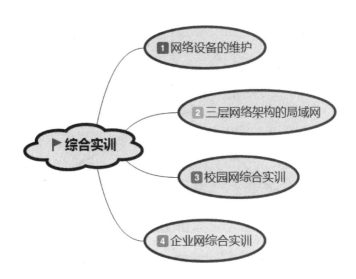

任务 1　网络设备的维护

❖ 任务描述

作为一名网络维护人员，在新接手一台已经调试好的网络设备时，首先需要做的就是将网络设备的配置文件进行保存和备份，以便在设备出现问题时可以找到解决的办法。所以，备份网络设备的配置文件，对每位网络维护人员来说是很重要的。

❖ **任务分析**

网络设备的操作系统文件（Cisco 网络设备的操作系统是 IOS，华为网络设备的操作系统是 VRP）是可以导出来的，即可以对其进行备份。当由于网络操作失误而把网络设备的操作系统给弄"坏"了时，可以通过备份的网络设备操作系统文件将网络设备的操作系统还原出来。

Cisco 设备的配置文件多为 startup-config 和 running-config。runing-config 文件是 Cisco 设备的当前运行文件，断电是不被保存的，Cisco 设备的配置都保存在这个文件中。startup-config 文件是 Cisco 设备的启动配置文件，也就是说，Cisco 设备启动经历了加电自检、加载 IOS、再加载 startup-config 文件。所以，当配置完网络设备时，必须记住输入 copy running-config startup-config 或 write 命令保存配置文件，否则，在设备重启后，原先在网络设备上做好的配置将全部丢失。维护网络设备的拓扑图如图 8.1.1 所示。

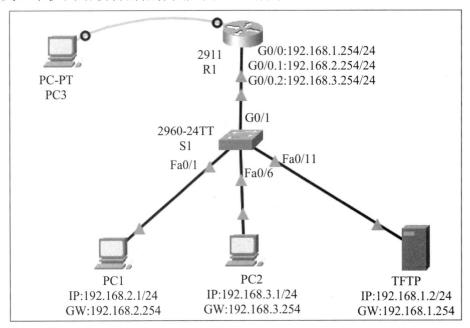

图 8.1.1 维护网络设备的拓扑图

具体要求如下：

（1）根据如图 8.1.1 所示的拓扑图添加相应的网络设备。

（2）配置网络设备实现全网互通。

（3）路由器的 Console 接口、Telnet 和 SSH 等登录方式的安全配置。

（4）备份网络设备的操作系统文件和配置文件。

❖ **任务实施**

步骤 1：R1 的基本配置。

```
Router>en
Router#conf t
Router(config)#hostname R1
R1(config)#line console 0
R1(config-line)#exec-time 0 0
R1(config-line)#exit
R1(config)#inter g0/0
R1(config-if)#ip address 192.168.1.254 255.255.255.0
R1(config-if)#no shut
R1(config-if)#inter g0/0.1
R1(config-subif)#encapsulation dot1Q 2
R1(config-subif)#ip address 192.168.2.254 255.255.255.0
R1(config-subif)#no shut
R1(config-subif)#inter g0/0.2
R1(config-subif)#encapsulation dot1Q 3
R1(config-subif)#ip address 192.168.3.254 255.255.255.0
R1(config-subif)#no shut
```

步骤 2：S1 的基本配置。

```
Switch#en
Switch#conf t
Switch(config)#hostname S1
S1(config)#line console 0
S1(config-line)#exec-time 0 0
S1(config-line)#exit
S1(config)#vlan 2
S1(config-vlan)#name vlan2
S1(config-vlan)#vlan 3
S1(config-vlan)#name vlan3
S1(config-vlan)#exit
S1(config)#interface range f0/1-5
S1(config-if-range)#switchport mode access
S1(config-if-range)#switchport access vlan 2
S1(config-if-range)#spanning-tree portfast
S1(config-if-range)#exit
S1(config)#interface range f0/6-10
```

```
S1(config-if-range)#switchport mode access
S1(config-if-range)#switchport access vlan 3
S1(config-if-range)#spanning-tree portfast
S1(config-if-range)#exit
S1(config)#interface g0/1
S1(config-if)#switchport mode trunk
S1(config-if)#exit
S1(config)#interface vlan 1
S1(config-if)#ip address 192.168.1.1 255.255.255.0
S1(config-if)#no shut
S1(config-if)#exit
S1(config)#ip default-gateway 192.168.1.254
```

至此，所有网络设备之间已经实现全网互通了。

步骤3：配置路由器登录的密码身份认证。

登录 Cisco 网络设备，常用方法是通过 Console 接口直接连接、远程 Telnet 登录、安全的远程 SSH 登录，以及 Web 访问。由于模拟器不支持 Web 访问，因此本任务只演示 Telnet 和 SSH 登录方式。

（1）基于密码的 Telnet 登录。

配置 Console 管理的密码。

```
R1(config)#line console 0
R1(config-line)#password 123456
//当配置上这些命令时，用户从 Console 接口登录就会提示输入密码
R1(config-line)#login
Password:
R1>
```

配置 Telnet 管理的密码。

```
R1(config)#line vty 0 4          //这表示 0～4，有 5 个用户可以同时登录
R1(config-line)#password 654321
R1(config-line)#login
R1(config-line)#exit
R1(config)#enable secret cisco
//此密码必须配置，否则只能停留在用户模式
R1(config)#service password-encryption
```

图 8.1.2 所示为在计算机上测试基于密码的 Telnet 登录。

（2）基于用户名和密码的 Telnet 登录。

配置 Console 管理的用户名和密码。

```
R1(config)#username admin password 666666
R1(config)#line con 0
R1(config-line)#login local
//这是从 Console 接口登录，将会看到如下的提示
Username: admin
Password:                              //密码为 666666
R1>
```

配置 Telnet 管理的用户名和密码。

```
R1(config)#username admin password 666666 //前面配置好了，本次可以不配置
R1(config)#line vty 0 4
R1(config-line)#login local
R1(config)#enable secret cisco              //前面配置好了，本次可以不配置
```

图 8.1.3 所示为在计算机上测试基于用户名和密码的 Telnet 登录。

图 8.1.2　在计算机上测试基于
密码的 Telnet 登录

图 8.1.3　在计算机上测试基于用户名和
密码的 Telnet 登录

（3）基于用户名和密码的 SSH 登录。

配置 SSH 登录的用户名和密码。

```
R1(config)#ip domain-name cisco.com
R1(config)#crypto key generate rsa
How many bits in the modulus [512]:1024
% Generating 1024 bit RSA keys, keys will be non-exportable...[OK]
*?? 1 0:30:10.767: RSA key size needs tobe at least 768 bits for ssh version 2
*?? 1 0:30:10.767: %SSH-5-ENABLED: SSH 1.5 has been enable
//当出现这个提示时，SSH 服务也随之开启了
R1(config)#line vty 5 15
R1(config-line)#login local
R1(config-line)#transport input ssh
```

图 8.1.4 所示为在计算机上测试基于用户名和密码的 SSH 登录。

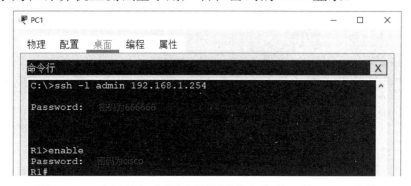

图 8.1.4 在计算机上测试基于用户名和密码的 SSH 登录

步骤 4：备份网络设备的操作系统文件。

```
R1#dir                            //查看系统文件
Directory of flash0:/

3 -rw- 33591768 <no date>
c2900-universalk9-mz.SPA.
151-4.M4.bin
2 -rw- 28282
<no date> sigdef-category.xml
1 -rw- 227537 <no date> sigdef-default.xml
255744000 bytes total (221896413 bytes free)
R1#copy flash: tftp          //将文件从路由器的 Flash 中备份到 TFTP 服务器中

Source filename []? c2900-universalk9-mz.SPA.151-4.M4.bin    //原文件名称
Address or name of remote host []? 192.168.1.2    //TFTP 服务器地址
//存放名称，可以自己命名
Destination filename [c2900-universalk9-mz.SPA.151-4.M4.bin]?
Writing c2900-universalk9-mz.SPA.151-4.M4.bin…!!!!!!!!!!!!!!!!!!
!!!!!!!!!!!!!!!!!!!!!!!!!!!!!!!!!!!!!!!!!!!!!!!!!!!!!!!!!!!!!!!!!!!
!!!!!!!!!!!!!!!!!!!!!!!!!!!!!!!!!! !!!!!!! !!!!!!!!!!!!!!!!!!!!
!!!!!!!!!!!!!!!!!!!!!!!!!!!!!!!!!!!!!!!!!!!!!!!!!
[OK - 33591768 bytes]

33591768 bytes copied in 4.331 secs (814360 bytes/sec)
R1#
```

在 TFTP 服务器中，可以看到已经备份好的操作系统文件。配置文件的备份与操作系统文件的备份的思路是一样的。

步骤 5：备份网络设备的配置文件。

```
R1#copy running-config tftp:
Address or name of remote host []? 192.168.1.2
//命名为running-config，如果不命名则是R1-confg
Destination filename [R1-confg]? running-config
Writing running-config…!!
[OK - 958 bytes]
854 bytes copied in 0.001 secs (958000 bytes/sec)
R1#write
R1#copy startup-config tftp:
Address or name of remote host []? 192.168.1.2
//命名为startup-config，如果不命名则是R1-confg
Destination filename [R1-confg]? startup-config
Writing startup-config…!!
[OK - 958 bytes]
958 bytes copied in 0.001 secs (958000 bytes/sec)
```

步骤 6：还原网络设备的配置文件。

```
R1#copy tftp: flash:
Address or name of remote host []? 192.168.1.2
Source filename []? startup-config //服务器上的文件名称
//还原到Flash中的文件名称，可以命名，建议采用默认文件名称
Destination filename [startup-config]?
Accessing tftp://192.168.1.2/startup-config…
Loading startup-config from 192.168.1.2:  !
[OK - 958 bytes]
958 bytes copied in 0.001 secs (958000 bytes/sec)
```

❖ **任务验收**

1. 使用计算机的 cmd 窗口测试路由器的 Telnet 和 SSH 登录方式。
2. 在 TFTP 服务器上查看是否有备份文件。

❖ **任务小结**

本任务介绍了如何通过 Console 接口直接连接、远程 Telnet 登录和安全的远程 SSH 登录等方式登录网络设备，如何备份和还原网络设备的操作系统文件，以及如何备份和还原网络设备的配置文件。

任务 2 | 三层网络架构的局域网

❖ 任务描述

假设你是某网络技术公司的网络工程师，公司现在承接一个企业局域网的搭建项目，经过现场勘测及与客户的充分沟通，你建议该网络采用经典的三层网络架构模型。现在该项目方案已经得到客户的认可，并且请你负责整个网络的实施。

❖ 任务分析

该项目方案中的 PC1、PC3 和 PC5 处在 VLAN2 中，PC2、PC4 和 PC6 处在 VLAN3 中，Web 服务器处在 VLAN4 中。现在不仅要使六台计算机能够正常访问内部网络中的 Web 服务器，还要能够通过公司的出口路由器访问互联网。

三层网络架构的局域网的拓扑图如图 8.2.1 所示，设备说明表如表 8.2.1 所示，SVI 地址规划表如表 8.2.2 所示。

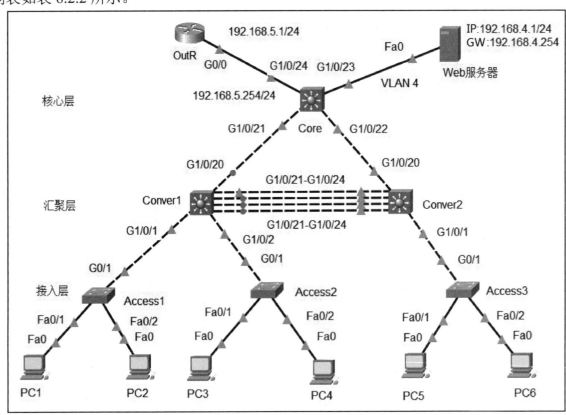

图 8.2.1 三层网络架构的局域网的拓扑图

表 8.2.1　设备说明表

设 备 名 称	接　　口	IP 地址/子网掩码	默 认 网 关	所属 VLAN	对端设备:接口
PC1	Fa0	DHCP 获取	DHCP 获取	VLAN2	Access1:Fa0/1
PC2	Fa0	DHCP 获取	DHCP 获取	VLAN3	Access1:Fa0/2
PC3	Fa0	DHCP 获取	DHCP 获取	VLAN2	Access2:Fa0/1
PC4	Fa0	DHCP 获取	DHCP 获取	VLAN3	Access2:Fa0/2
PC5	Fa0	DHCP 获取	DHCP 获取	VLAN2	Access3:Fa0/1
PC6	Fa0	DHCP 获取	DHCP 获取	VLAN3	Access3:Fa0/2
Access1	Fa0/1	—	—	VLAN2	PC1:Fa0
	Fa0/2	—	—	VLAN3	PC2:Fa0
	G0/1	—	—	Trunk	Conver1:G1/0/1
Access2	Fa0/1	—	—	VLAN2	PC3:Fa0
	Fa0/2	—	—	VLAN3	PC4:Fa0
	G0/1	—	—	Trunk	Conver1:G1/0/2
Access3	Fa0/1	—	—	VLAN2	PC5:Fa0
	Fa0/2	—	—	VLAN3	PC6:Fa0
	G0/1	—	—	Trunk	Conver2:G1/0/1
Conver1	G1/0/1	—	—	Trunk	Access1:G0/1
	G1/0/2	—	—	Trunk	Access2:G0/1
	G1/0/20	—	—	Trunk	Core:G1/0/21
	G1/0/21	—	—	Eth-Trunk 1 Trunk	Conver2:G1/0/21
	G1/0/22	—	—		Conver2:G1/0/22
	G1/0/23	—	—		Conver2:G1/0/23
	G1/0/24	—	—		Conver2:G1/0/24
Conver2	G1/0/1	—	—	Trunk	Access3:G0/1
	G1/0/20	—	—	Trunk	Core:G1/0/22
	G1/0/21	—	—	channel-group Trunk	Conver1:G1/0/21
	G1/0/22	—	—		Conver1:G1/0/22
	G1/0/23	—	—		Conver1:G1/0/23
	G1/0/24	—	—		Conver1:G1/0/24
Core	G1/0/21	—	—	Trunk	Conver1:G1/0/20
	G1/0/22	—	—	Trunk	Conver2:G1/0/20
	G1/0/23	192.168.4.254/24	—	VLAN4	Web:Fa0
	G1/0/24	192.168.5.254/24	—	—	OutR:G0/0
Web 服务器	Fa0	192.168.4.1/24	192.168.4.254	VLAN4	Core:G1/0/23
OutR	G0/0	192.168.5.1/24	—	—	Core:G1/0/24

表 8.2.2　SVI 地址规划表

设 备 名 称	VLAN ID	SVI 地址	包含的设备	备　注
Core	2	192.168.2.254/24	PC1，PC3，PC5	计算机接入网段
	3	192.168.3.254/24	PC2，PC4，PC6	计算机接入网段
	4	192.168.4.254/24	Web 服务器	服务器网段

具体要求如下：

（1）添加一台型号为 2911 的路由器，并将标签名修改为 OutR，用于模拟局域网中的出口路由器。

（2）添加一台型号为 3650-24PS 的三层交换机，并添加 AC-POWER-SUPPLY 电源模块，用于为设备供电；将交换机的标签名修改为 Core，用于模拟局域网中的核心层设备。

（3）添加两台型号为 3650-24PS 的三层交换机，同时添加 AC-POWER-SUPPLY 电源模块，并将交换机的标签名分别修改为 Conver1 和 Conver2，用于模拟局域网中的汇聚层设备。

（4）添加三台型号为 2960-24TT 的二层交换机，并将标签名分别修改为 Access1、Access2 和 Access3，用于模拟局域网中的接入层设备。

（5）根据拓扑图添加相应的其他设备，并配置好 IP 地址及子网掩码。

（6）根据如表 8.2.1 所示的内容进行拓扑图的连接。

（7）根据如表 8.2.1 所示的内容完成各交换机上的 VLAN 配置。

（8）根据如表 8.2.2 所示的内容完成 SVI 地址的配置。

（9）汇聚层交换机之间配置链路聚合。

（10）构建网络的三级结构，使用三层交换机的路由功能共享上网。通过合理的三层网络架构，实现用户安全、快捷地接入网络。

（11）在核心层交换机中配置 DHCP 服务，并给 PC1、PC2、PC3、PC4、PC5 和 PC6 分配 IP 地址。

（12）PC1、PC3 和 PC5 处在 VLAN2 中，PC2、PC4 和 PC6 处在 VLAN3 中，Web 服务器处在 VLAN4 中，现在要使六台计算机能够正常访问内部网络中的 Web 服务器。

❖ **任务实施**

步骤 1：接入层交换机的基本配置。

（1）Access1 的配置如下。

```
Switch>enable
Switch#config t
Switch(config)#hostname Access1
```

```
Access1(config)#vlan 2                //创建 VLAN2
Access1(config-vlan)#vlan 3           //创建 VLAN3
Access1(config-vlan)#exit
Access1(config)#int f0/1              //将 Fa0/1 接口添加到 VLAN2 中
Access1(config-if)#switchport mode access
Access1(config-if)#switchport access vlan 2
Access1(config-if)#exit
Access1(config)#int f0/2              //将 Fa0/2 接口添加到 VLAN3 中
Access1(config-if)#switchport mode access
Access1(config-if)#switchport access vlan 3
Access1(config-if)#exit
Access1(config)#int g0/1              //将 G0/1 接口配置成 Trunk 模式
Access1(config-if)#switchport mode trunk
Access1(config-if)#end
Access1#write                         //保存配置
```

（2）Access2 的配置。

请参考 Access1 的配置。

（3）Access3 的配置。

请参考 Access1 的配置。

步骤 2：汇聚层交换机的基本配置。

（1）Conver1 的配置如下。

```
Switch#conf  t
Switch(config)#hostname Conver1
Conver1(config)#vlan 2
Conver1(config-vlan)#vlan 3
Conver1(config-vlan)#exit
Conver1(config)#int g1/0/1           //将 G1/0/1 接口配置成 Trunk 模式
Conver1(config-if)# switchport trunk encapsulation dot1Q
Conver1(config-if)#switchport mode trunk
Conver1(config)#int g1/0/2           //将 G1/0/2 接口配置成 Trunk 模式
Conver1(config-if)#switchport trunk encapsulation dot1Q
Conver1(config-if)#switchport mode trunk
Conver1(config)#int g1/0/20          //将 G1/0/20 接口配置成 Trunk 模式
Conver1(config-if)#switchport trunk encapsulation dot1Q
Conver1(config-if)#switchport mode trunk
Conver1(config-if)#
```

（2）Conver2 的配置。

请参考 Conver1 的配置。

步骤 3：Core 的基本配置如下。

```
Switch#conf t
Switch(config)#hostname Core
Core(config)#vlan 2
Core(config-vlan)#vlan 3
Core(config-vlan)#vlan 4 //服务器所在网段
Core(config-vlan)#exit
Core(config)#int g1/0/23 //将 G1/0/23 接口添加到 VLAN4 中
Core(config-if)#switchport mode access
Core(config-if)#switchport access vlan 4
Core(config-if)#exit
Core(config)#int g1/0/2 1//将 G1/0/21 接口配置成 Trunk
Core(config-if)#switchport trunk encapsulation dot1Q
Core(config-if)#switchport mode trunk
Core(config-if)#exit
Core(config)#int g1/0/22 //将 G1/0/3 接口配置成 Trunk
Core(config-if)#switchport trunk encapsulation dot1Q
Core(config-if)#switchport mode trunk
Core(config-if)#exit
Core(config)#int vlan 2    //给 VLAN2 配置 IP 地址，用于不同网段之间互相访问
Core(config-if)#ip add 192.168.2.254 255.255.255.0
Core(config-if)#no shutdown
Core(config-if)#exit
Core(config)#int vlan 3    //给 VLAN3 配置 IP 地址
Core(config-if)#ip add 192.168.3.254 255.255.255.0
Core(config-if)#no shutdown
Core(config-if)#exit
Core(config)#int vlan 4    //给 VLAN4 配置 IP 地址
Core(config-if)#ip add 192.168.4.254 255.255.255.0
Core(config-if)#no shutdown
Core(config-if)#exit
Core(config)#int g1/0/24
Core(config-if)#no switchport
Core(config-if)#ip add 192.168.5.254 255.255.255.0
Core(config-if)#no shutdown
```

步骤 4：配置链路聚合。

当在真实交换机中做链路聚合或生成树实验时，一般先配置好相应的协议或设置，再连接两条网线。否则，交换机内部会生成环路，影响交换机的正常工作。

（1）Conver1 的配置如下。

```
Conver1(config)#interface range g1/0/21-24      //进入接口组
Conver1(config-if-range)#channel-group 1 mode on  //配置链路聚合
Conver1(config-if-range)#exit
Conver1(config)#interface port-channel 1        //进入聚合组
//在三层交换机上开启接口 Trunk 模式必须先封装 dot1Q
Conver1(config-if)#switchport trunk encapsulation dot1Q
Conver1(config-if)#switchport mode trunk        //设置为骨干接口
Conver1(config-if)#end
Conver1#wr
```

（2）Conver2 的配置。

请参考 Conver1 的配置。

在配置完链路聚合后可以发现，交换机两端的接口的标志都变成绿色了，说明链路聚合设置成功。

步骤 5：Core 配置 DHCP 服务。

```
Core(config)#ip dhcp pool vlan2
Core(dhcp-config)#network 192.168.2.0 255.255.255.0
Core(dhcp-config)#default-router 192.168.2.254
Core(dhcp-config)#exit
Core(config)#ip dhcp pool vlan3
Core(dhcp-config)#network 192.168.3.0 255.255.255.0
Core(dhcp-config)#default-router 192.168.3.254
Core(dhcp-config)#exit
Core(config)#ip dhcp excluded-address 192.168.2.254
Core(config)#ip dhcp excluded-address 192.168.3.254
Core(config)#
```

这样，内部网络中的 PC1、PC2、PC3、PC4、PC5 和 PC6 通过 DHCP 方式获得相应网段的 IP 地址。例如，PC1 自动获取的 IP 地址如图 8.2.2 所示。

步骤 6：设置 Web 服务器的 IP 地址。

服务器的 IP 地址一般都需要手动配置，如果使用 DHCP 方式自动分配，则无法得知服务器确切的 IP 地址，所以一般都是手动输入的。根据拓扑图要求，Web 服务器的 IP 地址的设置如图 8.2.3 所示。

图 8.2.2　PC1 自动获取的 IP 地址

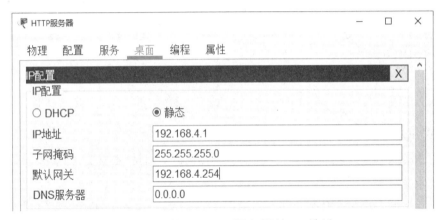

图 8.2.3　设置 Web 服务器的 IP 地址

步骤 7：OutR 的基本配置。

```
Router#conf t
Router(config)#hostname OutR
OutR(config)#int g0/0
OutR(config-if)#ip add 192.168.5.1 255.255.255.0
OutR(config-if)#no shutdown
OutR(config-if)#exit
```

步骤 8：内部网络路由协议的配置。

分别在 Core 和 OurR 上配置静态路由，保障内部网络互联互通。

（1）Core 上的路由协议的配置。

```
Core(config)#ip routing              //开启路由功能，否则不能使用路由协议
Core(config)#ip route 0.0.0.0 0.0.0.0 g1/0/24//配置核心层交换机的默认路由
Core(config)#exit
Core#write
Core#show ip route                   //查看一下路由表
…
```

```
Gateway of last resort is 0.0.0.0 to network 0.0.0.0


C    192.168.2.0/24 is directly connected, Vlan2
C    192.168.3.0/24 is directly connected, Vlan3
C    192.168.4.0/24 is directly connected, Vlan4
C    192.168.5.0/24 is directly connected, GigabitEthernet1/0/24
S*   0.0.0.0/0 is directly connected, GigabitEthernet1/0/24
Core#
```

（2）OutR 上的路由协议的配置。

```
//配置回指内部网络的默认路由
OutR(config)#ip route 0.0.0.0 255.255.0.0 192.168.5.254
OutR(config)#exit
OutR#wr
OutR#show ip route                    //在路由器上面查看一下路由表
…

Gateway of last resort is not set


   192.168.5.0/24 is variably subnetted, 2 subnets, 2 masks
C    192.168.5.0/24 is directly connected, GigabitEthernet0/0
L    192.168.5.1/32 is directly connected, GigabitEthernet0/0
S*   0.0.0.0/0 is directly connected, GigabitEthernet0/0
[1/0] via 192.168.5.254
OutR#
```

❖ 任务验收

（1）所有的计算机是否正确获得相应网段的 IP 地址。

（2）任选一台计算机是否都可以 ping 通 Web 服务器。

（3）任选一台计算机是否都可以访问 Web 服务器上的网页。

（4）任选一台计算机是否都可以 ping 通 OutR。

❖ 任务小结

本任务采用经典的三层网络架构模型构建了企业局域网，综合考查了 VLAN、Trunk、SVI、链路聚合、交换机 DHCP 服务的配置、静态路由的配置等知识，有利于提高读者的综合水平。

任务3 | 校园网综合实训

❖ 任务描述

假设你是某网络技术公司的网络工程师，公司承接了某校新校区局域网的建设项目。根据学校要求，新校区的办公楼和校园需要搭建无线网络，经过现场勘测及与客户的充分沟通，你给出了项目的设计方案。现在该项目方案已经得到客户的认可，并且请你负责整个网络的实施。

❖ 任务分析

新校区的办公楼和校园需要搭建无线网络，从校园网络的规划中可以看出，这是一个典型的有线和无线结合的网络，符合现在校园网发展的需要。新校区的网络拓扑图如图8.3.1所示。

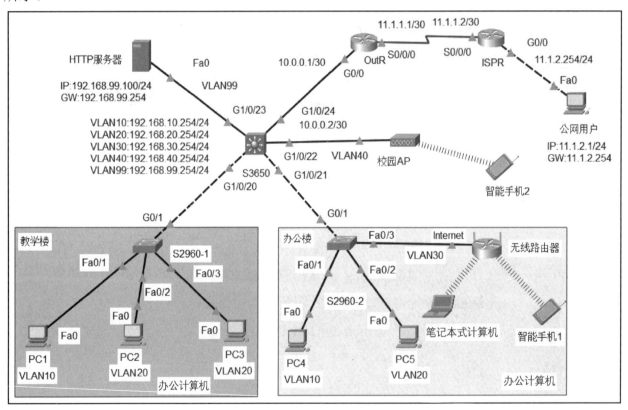

图 8.3.1 新校区的网络拓扑图

具体要求如下：

（1）添加两台型号为2960的交换机，并将标签名分别修改为S2960-1和S2960-2。

（2）添加一台型号为3650-24PS的三层交换机，同时添加AC-POWER-SUPPLY电源模块，用于为设备供电，并将交换机的标签名修改为 S3650。

（3）添加两台型号为 2911 的路由器，并将标签名分别修改为 OutR 和 ISPR，用于模拟新校区局域网中的出口路由器和运营商接入设备。

（4）添加一台型号为 WRT300N 的无线路由器和一台 AccessPoint-PT-N 无线接入点。

（5）根据拓扑图添加相应的设备，并使用正确的线缆连接所有网络设备，同时标明所连接的接口的名称，得到如图 8.3.1 所示的虚拟网络实训环境。

（6）根据拓扑图设置各网络设备的 IP 地址和子网掩码。

（7）在 S3650 上为 VLAN10、VLAN20、VLAN30、VLAN40 和 VLAN99 配置 SVI 接口，实现新校区网络的互联互通。

（8）在 S3650 上配置 DHCP 服务，允许教学楼、办公楼、校园 AP 和无线路由器通过 DHCP 服务动态获取 IP 地址。

（9）在 OutR 上配置静态路由和默认路由，使用 S0/0/0 接口作为下一跳，并完成配置，使内部网络用户可以正常访问外部网络。

（10）在 OutR 上配置 NAT 服务，将 HTTP 服务器的 IP 地址映射到公有 IP 地址 11.1.1.1 上，使公有网络用户可以访问内部网络中的 HTTP 服务器。

❖ **任务实施**

步骤 1：S2960-1 的基本配置。

```
Switch#conf t
Switch(config)#hostname S2960-1
S2960-1(config)#vlan 10
S2960-1(config-vlan)#vlan 20
S2960-1(config-vlan)#exit
S2960-1(config)#int f0/1              //将 F0/1 接口添加到 VLAN10 中
S2960-1(config-if)#switchport mode access
S2960-1(config-if)#switchport access vlan 10
S2960-1(config-if)#exit
S2960-1(config)#int range f0/2-3      //将 F0/2 接口和 F0/3 接口添加到 VLAN20 中
S2960-1(config-if)#switchport mode access
S2960-1(config-if)#switchport access vlan 20
S2960-1(config-if)#exit
S2960-1(config)#int g0/1              //将 G0/1 接口配置成 Trunk 模式
S2960-1(config-if)#switchport mode trunk
S2960-1(config-if)#exit
```

```
S2960-1(config)#exit
S2960-1#wr                              //保存配置
```

步骤2：S2960-2的基本配置。

```
Switch#conf t
Switch(config)#hostname S2960-2
S2960-2(config)#vlan 10
S2960-2(config-vlan)#vlan 30
S2960-2(config-vlan)#exit
S2960-2(config)#int f0/3               //将F0/3接口添加到VLAN30中
S2960-2(config-if)#switchport mode access
S2960-2(config-if)#switchport access vlan 30
S2960-2(config-if)#exit
S2960-2(config)#int range f0/1-2       //将F0/1接口和F0/2接口添加到VLAN10中
S2960-2(config-if)#switchport mode access
S2960-2(config-if)#switchport access vlan 10
S2960-2(config-if)#exit
S2960-2(config)#int g0/1               //将G0/1接口配置成Trunk模式
S2960-2(config-if)#switchport mode trunk
S2960-2(config-if)#exit
S2960-2(config)#exit
S2960-2#wr                             //保存配置
```

步骤3：S3650的基本配置。

```
Switch>en
Switch#conf t
Switch(config)#hostname S3650
S3650(config)#vlan 10
S3650(config-vlan)#exit
S3650(config)#vlan 20
S3650(config-vlan)#exit
S3650(config)#vlan 30
S3650(config-vlan)#exit
S3650(config)#vlan 40
S3650(config-vlan)#exit
S3650(config)#vlan 99
S3650(config-vlan)#exit
S3650(config)#int g1/0/23
S3650(config-if)#switchport access vlan 99
S3650(config)#int g1/0/22
```

```
S3650(config-if)#switchport access vlan 40
S3650(config-if)#exit
S3650(config)#int vlan 10
S3650(config-if)#ip add 192.168.10.254 255.255.255.0
S3650(config-if)#no shut
S3650(config-if)#exit
S3650(config)#int vlan 20
S3650(config-if)#ip add 192.168.20.254 255.255.255.0
S3650(config-if)#no shut
S3650(config-if)#exit
S3650(config)#int vlan 30
S3650(config-if)#ip add 192.168.30.254 255.255.255.0
S3650(config-if)#no shut
S3650(config-if)#exit
S3650(config)#int vlan 40
S3650(config-if)#ip add 192.168.40.254 255.255.255.0
S3650(config-if)#no shut
S3650(config if)#exit
S3650(config)#int vlan 99
S3650(config-if)#ip add 192.168.99.254 255.255.255.0
S3650(config-if)#no shut
S3650(config-if)#exit
S3650(config)#ip routing              //启用交换机路由功能
S3650(config)#int g1/0/24             //准备给 G1/0/24 接口配置 IP 地址
S3650(config-if)#no switchport
S3650(config-if)#ip add 10.0.0.2 255.255.255.252
S3650(config-if)#exit
S3650(config)#int range g1/0/20-21
S3650(config-if-range)#switchport trunk encapsulation dot1Q
S3650(config-if-range)# switchport mode trunk
S3650(config-if-range)# exit
```

步骤 4：OutR 的基本配置。

```
Router(config)#hostname OutR
OutR(config)#int g0/1
OutR(config-if)#ip add 10.0.0.1 255.255.255.252
OutR(config-if)#no sh
OutR(config-if)#exit
OutR(config)#int g0/0
OutR(config-if)#ip add 11.1.1.1 255.255.255.0
```

```
OutR(config-if)#no sh
OutR(config-if)#exit
```

步骤 5：ISPR 的基本配置。

```
Router(config)#hostname ISPR
ISPR(config)#int g0/0
ISPR(config-if)#ip add 11.1.1.2 255.255.255.0
ISPR(config-if)#no shut
ISPR(config-if)#exit
ISPR(config)#int g0/1
ISPR(config-if)#ip add 11.1.2.254 255.255.255.0
ISPR(config-if)#no shut
ISPR(config-if)#exit
```

步骤 6：路由协议的配置。

（1）S3650 上的路由协议的配置。

```
S3650(config)#ip route 0.0.0.0 0.0.0.0 10.0.0.1
```

（2）OutR 上的路由协议的配置。

```
OutR(config)#ip route 192.168.0.0 255.255.0.0 10.0.0.2
OutR(config)#ip route 0.0.0.0 0.0.0.0 S0/0/0
```

步骤 7：在 S3650 上配置 DHCP 服务。

```
S3650(config)#ip dhcp pool vlan10
S3650(dhcp-config)#network 192.168.10.0 255.255.255.0
S3650(dhcp-config)#default-router 192.168.10.254
S3650(dhcp-config)#exit
S3650(config)#ip dhcp pool vlan20
S3650(dhcp-config)#network 192.168.20.0 255.255.255.0
S3650(dhcp-config)#default-router 192.168.20.254
S3650(dhcp-config)#exit
S3650(config)#ip dhcp pool vlan30
S3650(dhcp-config)#network 192.168.30.0 255.255.255.0
S3650(dhcp-config)#default-router 192.168.30.254
S3650(dhcp-config)#exit
S3650(config)#ip dhcp pool vlan40
S3650(dhcp-config)#network 192.168.40.0 255.255.255.0
S3650(dhcp-config)#default-router 192.168.40.254
S3650(dhcp-config)#exit
S3650(config)#ip dhcp excluded-address 192.168.10.1
S3650(config)#ip dhcp excluded-address 192.168.20.1
```

```
S3650(config)#ip dhcp excluded-address 192.168.30.1
S3650(config)#ip dhcp excluded-address 192.168.40.1
S3650(config)#exit
```

步骤 8：校园 AP 的设置。

将校园 AP 的"Port1"选项界面中的 SSID 更改为 XueXiao，认证方式默认为禁用的，如图 8.3.2 所示。这样校园 AP 覆盖范围内的无线设备都可以接入校园无线网络（如果是真实网络，则建议设置认证方式为 WPA2-PSK）。

图 8.3.2　校园 AP 的设置

步骤 9：智能手机 2 的设置。

将智能手机 2 的"Wireless0"选项界面中的 SSID 更改为 XueXiao，认证方式默认为禁用的，IP 配置选择 DHCP 方式，如图 8.3.3 所示。

步骤 10：无线路由器的设置。

（1）无线路由器的"互联网"选项界面中的 IP 配置选择 DHCP 方式，如图 8.3.4 所示；"LAN"选项界面中的配置默认（LAN 的网段不与校园网段冲突即可），如图 8.3.5 所示；将"无线"选项界面中的 SSID 更改为 BanGong，认证方式选择 WPA2-PSK，并将 PSK 通行口令设置为 12345678，加密类型为默认设置，如图 8.3.6 所示。

图 8.3.3　智能手机 2 的设置

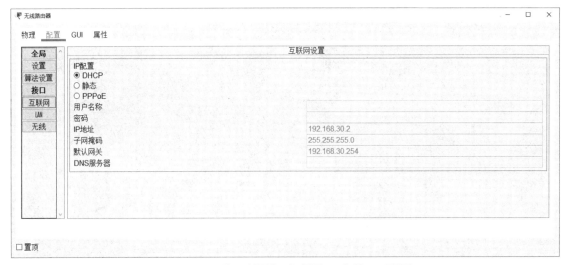

图 8.3.4　"互联网"选项界面中的 IP 配置

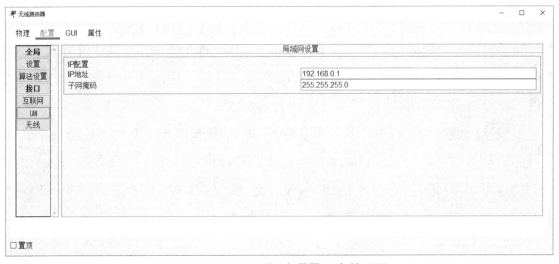

图 8.3.5　"LAN"选项界面中的配置

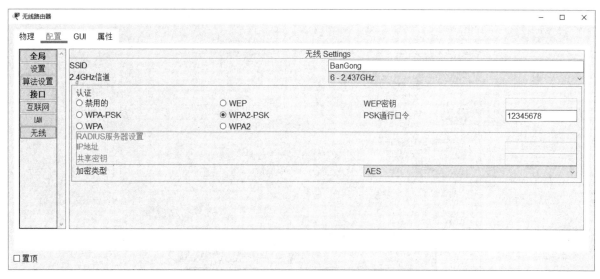

图 8.3.6 "无线"选项界面中的设置

（2）笔记本式计算机的设置。

将笔记本式计算机的"Wireless0"选项界面中的 SSID 更改为 BanGong，认证方式选择 WPA2-PSK，并将 PSK 通行口令设置为 12345678，IP 配置选择 DHCP 方式，如图 8.3.7 所示。

图 8.3.7 笔记本式计算机的设置

（3）智能手机 1 的设置。

将智能手机 1 的"Wireless0"选项界面中的 SSID 更改为 BanGong，认证方式选择 WPA-PSK，并将 PSK 通行口令设置为 12345678，IP 配置选择 DHCP 方式，如图 8.3.8 所示。

图 8.3.8　智能手机 1 的设置

步骤 11：在 OutR 上配置 NAT 服务。

```
OutR(config)#access-list 1 permit 192.168.0.0 0.0.255.255
OutR(config)#ip nat inside source list 1 interface s0/0/0 overload
OutR(config)#int g0/0
OutR(config-if)#ip nat inside
OutR(config-if)#exit
OutR(config)#int s0/0/0
OutR(config-if)#ip nat outside
OutR(config-if)#exit
//将 HTTP 服务器映射到公有网络
OutR(config)#ip nat inside source static tcp 192.168.99.100 80 11.1.1.1 80
OutR(config)#exit
OutR#wr
```

❖ **任务验收**

（1）所有的计算机（包括笔记本式计算机）和智能手机是否正确获得相应网段的 IP 地址。

（2）办公计算机是否可以 ping 通 HTTP 服务器。

（3）在智能手机 1 上使用 Web 浏览器，输入 IP 地址 192.168.99.100，浏览 HTTP 服务器上的网页。

（4）智能手机 1 是否可以 ping 通智能手机 2。

（5）笔记本式计算机是否可以 ping 通公有网络用户（IP 地址：11.1.2.1）。

（6）测试。在公有网络用户（IP 地址：11.1.2.2）上使用 Web 浏览器，输入 IP 地址 11.1.1.1，浏览 HTTP 服务器上的网页。

❖ 任务小结

本任务为校园网综合实训任务，综合考查了 VLAN、Trunk、SVI、交换机 DHCP 服务的配置、NAPT、PAT、静态路由的配置、无线 AP 的设置、无线路由器的设置等知识，有利于提高读者的综合水平。

任务 4 企业网综合实训

❖ 任务描述

某公司的互联网数据中心机房、办公区一和办公区二位于同一园区内。根据要求，各大楼之间需要互联互通，并且均能访问互联网；同时由于公司业务需要对外拓展，因此需要在互联网数据中心机房部署一台对外提供 DNS 和 Web 站点服务的服务器。现在要求根据拓扑图对网络设备进行调试，并且根据拓扑图在 Cisco Packet Tracer 7.3 模拟器环境下完成任务要求。

❖ 任务分析

某公司有互联网数据中心机房、办公区一和办公区二，现在要求实现均能访问互联网，并且可以访问互联网数据中心机房的服务器，这就需要配置相关的路由协议。在每个路由器上添加 HWIC-2T 模块，用于模拟公有网络连接，最后实现全网互通。本任务的网络拓扑图如图 8.4.1 所示。

具体要求如下：

（1）添加两台型号为 2960 的交换机，并将标签名分别修改为 SW1 和 SW2。

（2）添加一台型号为 3650-24PS 的三层交换机，同时添加 AC-POWER-SUPPLY 电源模块，用于为设备供电，并将交换机的标签名修改为 SW3。

（3）添加三台型号为 2911 的路由器，同时为每台路由器分别添加 HWIC-2T 模块，用于模拟公有网络连接，并将路由器的标签名分别修改为 OUTR、ISPR1 和 ISPR2。

（4）添加一台型号为 ASA 5506-X 的防火墙，并将标签名修改为 Firewall。

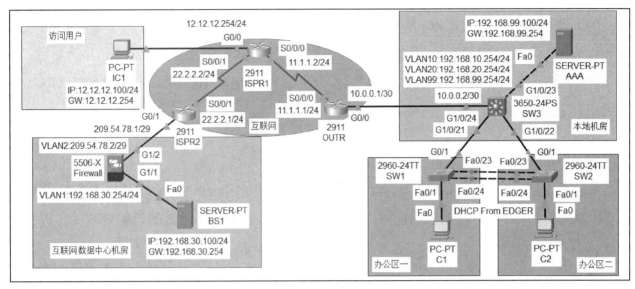

图 8.4.1　某公司的网络拓扑图

（5）根据拓扑图添加相应的设备，并使用正确的线缆连接所有网络设备，同时标明所连接的接口的名称，得到如图 8.4.1 所示的虚拟网络实训环境。

（6）根据拓扑图设置各网络设备的 IP 地址和子网掩码。

（7）在 SW3 上为 VLAN10、VLAN20 和 VLAN99 配置 SVI 接口，实现该公司网络互联互通。

（8）在 OUTR 上配置静态路由和默认路由，使用 S0/0/0 接口作为下一跳，并完成配置，使内部网络用户可以正常访问外部网络。

（9）在 OUTR 上配置 DHCP 服务，并配置 SW3，允许 C1 和 C2 通过 DHCP 服务动态获取 IP 地址。

（10）配置 OUTR 远程访问，要求 AAA 认证，用户名为 admin，密码为 123456。

（11）在互联网区域启用动态路由 OSPF 协议。

（12）在 BS1 服务器上配置 HTTP 服务，当 HTTP 服务被访问时，页面内容显示 "Hello,World!"。

（13）在 Firewall 上配置 NAT 服务，将 BS1 服务器的 IP 地址映射到公有 IP 地址 209.54.78.2 上。

（14）在 BS1 服务器上配置 DNS 服务，对外提供服务的 IP 地址为 209.54.78.2，并添加一条 A 记录，将域名 www.cisco.com 映射到 IP 地址 209.54.78.2 上。

❖ **任务实施**

步骤 1：交换机的配置。

（1）SW1 的基本配置。

```
Switch>en
Switch#conf t
Switch(config)#hostname SW1
SW1(config)#vlan 10
SW1(config-vlan)#exit
SW1(config)#vlan 20
SW1(config-vlan)#exit
SW1(config)#interface f0/1
SW1(config-if-range)#switchport access vlan 10
SW1(config-if-range)#exit
SW1(config)#int g0/1                    //将 G0/1 接口配置成 Trunk 模式
SW1(config-if)#switchport mode trunk
SW1(config-if-range)#exit
SW1(config)#int range f0/23-24
SW1(config-if-range)#channel-group 1 mode on
SW1(config-if-range)#exit
SW1(config)#int port-channel 1
SW1(config-if-range)#switchport  mode trunk
SW1(config-if-range)#end
SW1#write
```

（2）SW2 的基本配置。

```
Switch>ena
Switch#conf t
Switch(config)#hostname SW2
SW2(config)#vlan 10
SW2(config-vlan)#exit
SW2(config)#vlan 20
SW2(config-vlan)#exit
SW2(config)#vlan 99
SW2(config-vlan)#exit
SW2(config)#interface  f0/1
SW2(config-if-range)#switchport access vlan 20
SW2(config-if-range)#exit
SW2(config)#int range f0/23-24
SW2(config-if-range)#channel-group 1 mode on
SW2(config-if-range)#exit
SW2(config)#int port-channel 1
SW2(config-if-range)#switchport  mode trunk
SW2(config-if-range)#end
SW2#write
```

（3）SW3 的基本配置。

```
Switch>en
Switch#conf t
Switch(config)#hostname SW3
SW3(config)#vlan 10
SW3(config)#vlan 20
SW3(config)#vlan 99
SW3(config-vlan)#exit
SW3(config)#int g1/0/23
SW3(config-if)#switchport access vlan 99
SW3(config-if)#exit
SW3(config)#int vlan 10
SW3(config-if)#ip add 192.168.10.254 255.255.255.0
SW3(config-if)#no shut
SW3(config-if)#exit
SW3(config)#int vlan 20
SW3(config-if)#ip add 192.168.20.254 255.255.255.0
SW3(config-if)#no shut
SW3(config-if)#exit
SW3(config)#int vlan 99
SW3(config-if)#ip add 192.168.99.254 255.255.255.0
SW3(config-if)#no shut
SW3(config-if)#exit
SW3(config)#ip routing                 //启用交换机路由功能
SW3(config)#int g1/0/24                //准备给 G1/0/24 接口配置 IP 地址
SW3(config-if)#no switchport
SW3(config-if)#ip add 10.0.0.2 255.255.255.252
SW3(config-if)#int range g1/0/21-22
SW3(config-if-range)#switchport trunk encapsulation dot1Q
SW3(config-if-range)#switchport mode trunk
SW3(config-if-range)#end
SW3#write
```

步骤 2：路由器的基本配置。

（1）OUTR 的基本配置。

```
Router(config)#hostname OUTR
OUTR(config)#int g0/0
OUTR(config-if)#ip add 10.0.0.1 255.255.255.252
OUTR(config-if)#no sh
```

```
OUTR(config-if)#exit
OUTR(config)#int s0/0/0
OUTR(config-if)#ip add 11.1.1.1 255.255.255.0
OUTR(config-if)#no sh
OUTR(config-if)#exit
```

（2）ISPR1 的基本配置。

```
Router(config)#hostname ISPR1
ISPR1(config)#int s0/0/0
ISPR1(config-if)#clock rate 64000
ISPR1(config-if)#ip add 11.1.1.2 255.255.255.0
ISPR1(config-if)#no shut
ISPR1(config-if)#exit
ISPR1(config)#int g0/0
ISPR1(config-if)#ip add 12.12.12.254 255.255.255.0
ISPR1(config-if)#no shut
ISPR1(config-if)#exit
ISPR1(config)#int s0/0/1
ISPR1(config-if)#clock rate 64000
ISPR1(config-if)#ip add 22.2.2.2 255.255.255.0
ISPR1(config-if)#no shut
ISPR1(config-if)#
```

（3）ISPR2 的基本配置。

```
Router(config)#hostname ISPR2
ISPR2(config)#int s0/0/1
ISPR2(config-if)#ip add 22.2.2.1 255.255.255.0
ISPR2(config-if)#no shut
ISPR2(config-if)#exit
ISPR2(config)#int g0/1
ISPR2(config-if)#ip add 209.54.78.1 255.255.255.248
ISPR2(config-if)#no shut
ISPR2(config-if)#
```

步骤 3：路由协议的配置。

（1）SW3 上的路由协议的配置。

```
SW3(config)#ip route 0.0.0.0 0.0.0.0 10.0.0.1
```

（2）OUTR 上的路由协议的配置。

```
OUTR(config)#ip route 192.168.0.0 255.255.0.0 10.0.0.2
OUTR(config)#ip route 0.0.0.0 0.0.0.0 s0/0/0
```

（3）ISPR1 上的路由协议的配置。

```
ISPR1(config)#router ospf 1
ISPR1(config-router)#net 11.1.1.0 0.0.0.255 area 0
ISPR1(config-router)#net 22.2.2.0 0.0.0.255 area 0
ISPR1(config-router)#net 12.12.12.0 0.0.0.255 area 0
```

（4）ISPR2 上的路由协议的配置。

```
ISPR2(config)#router ospf 1
ISPR2(config-router)#net 22.2.2.0 0.0.0.255 area 0
ISPR2(config-router)#net 209.54.78.0 0.0.0.7 area 0
```

步骤 4：内部网络 DCHP 服务的配置。

（1）在 OUTR 上配置 DHCP 服务。

```
OUTR(config)#ip dhcp pool vlan10
OUTR(dhcp-config)#net 192.168.10.0 255.255.255.0
OUTR(dhcp-config)#dns-server 209.54.78.2
OUTR(dhcp-config)#default-router 192.168.10.254
OUTR(dhcp-config)#exit
OUTR(config)#ip dhcp pool vlan20
OUTR(dhcp-config)#net 192.168.20.0 255.255.255.0
OUTR(dhcp-config)#dns-server 209.54.78.2
OUTR(dhcp-config)#default-router 192.168.20.254
OUTR(dhcp-config)#exit
OUTR(config)#ip dhcp excluded-address 192.168.10.254
OUTR(config)#ip dhcp excluded-address 192.168.20.254
```

（2）在 SW3 上配置 DHCP 中继服务。

```
SW3(config)#int vlan 10
SW3(config-if)#ip helper-address 10.0.0.1
SW3(config-if)#exit
SW3(config)#int vlan 20
SW3(config-if)#ip helper-address 10.0.0.1
SW3(config-if)#exit
SW3(config)#exit
SW3#wr
```

（3）检查 DHCP 服务是否正常，设置 C1 和 C2 获取 IP 地址的方式为 DHCP，获取结果分别如图 8.4.2 和图 8.4.3 所示。

图 8.4.2　C1 获取的 IP 地址

图 8.4.3　C2 获取的 IP 地址

步骤 5：配置 OUTR 远程访问。

在 OUTR 上配置 AAA 认证。

```
OUTR(config)#aaa new-model
OUTR(config)#aaa authentication login AAA group radius
OUTR(config)#radius-server host 192.168.99.100
OUTR(config)#radius-server key KEY
OUTR(config)#line vty 0 4
OUTR(config-line)#login authentication AAA
OUTR(config-line)#exit
OUTR(config)#enable password cisco
```

步骤 6：在服务器上进行相关配置。

（1）在 AAA 服务器上开启 AAA 认证服务。在服务器上配置好网络和用户，具体配置如图 8.4.4 所示。

（2）在 BS1 服务器上配置 DNS 服务，如图 8.4.5 所示。

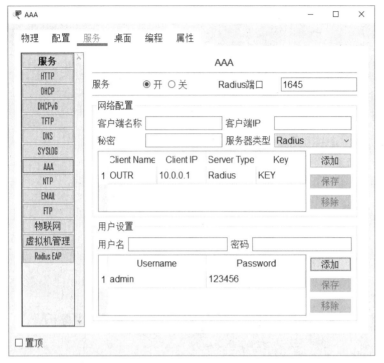

图 8.4.4　在 AAA 服务器上配置 AAA 认证服务

图 8.4.5　在 BS1 服务器上配置 DNS 服务

（3）在 BS1 服务器上配置 HTTP 服务。

单击 BS1 服务器，然后在管理界面中单击"服务"→"HTTP"→"index.html"→"edit"按钮，编辑主页内容，最后单击"保存"按钮即可，如图 8.4.6 所示。

图 8.4.6　在 BS1 服务器上配置 HTTP 服务

步骤 7：在 OUTR 上配置 NAPT 服务。

```
OUTR(config)#access-list 1 permit 192.168.0.0 0.0.255.255
OUTR(config)#ip nat inside source list 1 interface s0/0/0 overload
OUTR(config)#int g0/0
OUTR(config-if)#ip nat inside
OUTR(config-if)#exit
OUTR(config)#int s0/0/0
OUTR(config-if)#ip nat outside
OUTR(config-if)#exit
```

步骤 8：在 Firewall 上进行相关配置。

（1）Firewall 的基本配置。

```
ciscoasa(config)#hostname Firewall
Firewall(config)#no dhcpd address 192.168.1.5-192.168.1.36 inside
Firewall(config)#no dhcpd enable inside
Firewall(config)#int g1/1
Firewall(config-if)#ip add 192.168.30.254 255.255.255.0
Firewall(config-if)#no shutdown
Firewall(config-if)#exit
Firewall(config)#int g1/2
Firewall(config-if)#ip add 209.54.78.2 255.255.255.248
Firewall(config-if)#no shutdown
Firewall(config-if)#
```

（2）在 Firewall 上配置 NAT 服务。

```
Firewall(config)#object network pat
Firewall(config-network-object)#host 192.168.30.100
Firewall(config-network-object)#nat (inside,outside) static 209.54.78.2
```

（3）配置 TCP 和 UDP 数据包可以进入 inside 区域。

```
Firewall(config)#access-list 100 extended permit tcp any any eq www
Firewall(config)#access-list 100 extended permit udp any any eq domain
Firewall(config)#access-group 100 in interface outside
```

（4）在 Firewall 上添加默认路由。

```
Firewall(config)#route outside 0.0.0.0 0.0.0.0 209.54.78.1 1
```

在完成以上配置后，BS1 服务器就可以对外提供 HTTP 服务和 DNS 服务了。

❖ 任务验收

可以按照以下步骤对该园区网进行验证：

（1）查看 C1 和 C2 是否获得了正确的 IP 地址。

（2）测试内部网络计算机 C1 和外部网络计算机 IC1 是否相通。

（3）在 C1 和 IC1 上使用 Web 浏览器，浏览 BS1 服务器上的网页。

（4）在 C2 上远程连接 OUTR，测试是否可以使用 AAA 认证的用户名和密码进行远程登录。

❖ 任务小结

本任务为企业网综合实训任务，综合考察了 VLAN、Trunk、SVI、路由器 DHCP 服务的配置、NAT、静态路由的配置、动态路由 OSPF 协议、AAA 认证和防火墙的配置等知识，有利于提高读者的综合水平。

反侵权盗版声明

电子工业出版社依法对本作品享有专有出版权。任何未经权利人书面许可，复制、销售或通过信息网络传播本作品的行为；歪曲、篡改、剽窃本作品的行为，均违反《中华人民共和国著作权法》，其行为人应承担相应的民事责任和行政责任，构成犯罪的，将被依法追究刑事责任。

为了维护市场秩序，保护权利人的合法权益，我社将依法查处和打击侵权盗版的单位和个人。欢迎社会各界人士积极举报侵权盗版行为，本社将奖励举报有功人员，并保证举报人的信息不被泄露。

举报电话：（010）88254396；（010）88258888

传　　真：（010）88254397

E-mail：　dbqq@phei.com.cn

通信地址：北京市万寿路 173 信箱

　　　　　电子工业出版社总编办公室

邮　　编：100036